Vocabulaire allemand

par les exercices

Thérèse Robin
Agrégée d'allemand
Maître de conférences à l'IUFM de Créteil

Bordas

Illustrations : Brunor
Conception maquette : Al'Solo
Mise en page : Syntexte
Coordination éditoriale : Isabelle Lecharny
Édition : Christine Ligonie
Révision des textes : Lucy Martinet

ISBN 978-2-04-730324-5

Introduction

Tu apprends l'allemand au collège et cet ouvrage va t'aider, de façon simple et amusante, à réviser ton vocabulaire et à trouver toujours « les mots pour le dire »!
Les quelques 1 800 mots et expressions sont regroupés en 30 unités construites autour d'un thème particulier.

Chaque unité est composée d'**exercices** et d'une fiche de **vocabulaire**.

- Le premier **exercice** est toujours un dialogue « à trous » qui te permet de situer le thème et de revoir les mots les plus importants en situation. Pour faciliter ta compréhension du texte et te donner l'occasion de réviser aussi certaines règles grammaticales, chaque dialogue est accompagné de rappels lexico-grammaticaux (comme l'emploi de certaines prépositions ou l'ordre des mots).
À gauche de chaque consigne, un petit logo t'indique clairement le niveau de difficulté de l'exercice :

= niveau 6e – 5e (ou 4e LV2) = niveau 4e – 3e (ou 3e LV2)

= bon niveau de 3e (préparation à la 2de)

- Les **fiches de vocabulaire** sont organisées par associations et champs lexicaux et non par ordre alphabétique, ce qui en facilite la mémorisation. Tu y trouveras également des expressions idiomatiques à connaître.

Comment utiliser cet ouvrage?
À toi de compléter les dialogues au début de chaque leçon, puis de faire les exercices proposés, avant de vérifier les mots et les expressions dans les pages de vocabulaire. En outre, le lexique allemand-français, en fin d'ouvrage, t'aidera à traduire, dans le dialogue ou les exercices, un mot dont tu aurais oublié le sens.
Tous les exercices sont corrigés en fin d'ouvrage. Tu peux travailler seul(e), en faisant et refaisant les exercices et en revoyant le vocabulaire fondamental sur chaque thème. Tu peux suivre l'ordre proposé, les unités étant construites sur une découverte progressive de l'individu et de ce qui l'entoure, ou bien, grâce au sommaire, aller directement à l'endroit de ton choix.

On apprend toujours mieux en pratiquant : c'est pourquoi ce *Vocabulaire par les exercices* te sera d'une aide efficace pour améliorer ton allemand tout au long du collège.

Sommaire

Ich stelle mich vor / *Je me présente*

1 Kontaktaufnahme / *Prise de contact* 6
Corrigés p. 132

2 Wer bist du? / *Qui es-tu ?* 10
Corrigés p. 133

3 Wie geht's? / *Comment vas-tu ?* 14
Corrigés p. 134

4 Das Aussehen / *L'aspect extérieur* 18
Corrigés p. 135

5 Mein Körper / *Mon corps* 22
Corrigés p. 136

6 Die Kleidung / *Les vêtements* 26
Corrigés p. 137

Um mich herum / *Autour de moi*

7 Meine Familie / *Ma famille* 30
Corrigés p. 138

8 Freunde / *Les amis* 34
Corrigés p. 139

9 Mein Haus / *Ma maison* 38
Corrigés p. 141

10 Blumen und Bäume / *Les fleurs et les arbres* 44
Corrigés p. 143

11 Vögel / *Les oiseaux* 48
Corrigés p. 144

12 Farben / *Les couleurs* 52
Corrigés p. 145

Was machst du denn? / *Que fais-tu donc ?*

13 Wie spät ist es? / *Quelle heure est-il ?* 54
Corrigés p. 146

14 Feiertage / *Les jours fériés* 58
Corrigés p. 147

15 Geburtstagsfeier / *Fête d'anniversaire* 62
Corrigés p. 148

16 In der Schule / *À l'école* 66
Corrigés p. 150

17 Musik / *La musique* 72
Corrigés p. 151

18 Sport treiben / *Faire du sport* 76
Corrigés p. 152

Praktisches Leben und Tätigkeiten / *Vie pratique et activités*

19 Einkaufen / *Faire les courses*.. 82
Corrigés p. 153

20 Am Telefon oder auf Internet / *Au téléphone et sur Internet* .. 86
Corrigés p. 154

21 Ausgehen / *Sortir* 90
Corrigés p. 155

22 Gesundheit / *La santé* 94
Corrigés p. 157

23 Die Freizeit / *Les loisirs* 100
Corrigés p. 159

24 Klima und Wetter / *Climat et météo* 104
Corrigés p. 160

Ortswechsel / *Changements de lieu*

25 Die Verkehrsmittel / *Les moyens de transport* 108
Corrigés p. 161

26 Die Stadt / *La ville* 112
Corrigés p. 162

27 Deutschland / *L'Allemagne* 116
Corrigés p. 163

28 Europa / *L'Europe* 120
Corrigés p. 164

29 Die Ferien / *Les vacances* 124
Corrigés p. 165

30 Die Post / *Le courrier* 128
Corrigés p. 166

Corrigés 132
Lexique 168

1 Kontaktaufnahme / *Prise de contact*

1 Complète le dialogue avec les mots suivants.

geht ... aus *Guten Tag (4)* *Straße* *hier ist*
stellt ... vor *trifft* *morgen* *kennen*

Katrin .... mit ihrer Schwester Uschi ....
Es ist Samstag .... und das Wetter ist nicht sehr schön.
Plötzlich .... Katrin Thomas auf der .... Uschi und Thomas .... sich nicht.
Katrin .... Uschi Thomas ....:

K.: ...., Thomas!
T.: ...., Katrin!
K.: Thomas, ... Uschi, meine Schwester!
Uschi, hier ist Thomas, ein Schulkamerad von mir.
T.: ...., Uschi!
U.: ...., Thomas!

rappel

Formules de salutation
Pour se saluer à n'importe quel moment de la journée, on utilise : Guten Tag!
La formule abrégée courante est : Tag!
Familier : Hallo!

- *Selon le moment de la journée, on dit :*

Guten Morgen! (Morgen!)	*pour le matin*
Guten Tag	*pour l'après-midi*
Guten Abend!	*pour le soir*
Bis nachher!	*À tout à l'heure!*

- *Pour se souhaiter une bonne nuit :*
Gute Nacht!
- *Pour se dire au revoir :*
Auf Wiedersehen!
Tschüss! *(plus familier)*
Bis bald! *À bientôt !*
Bis später! *À plus tard !*

Retiens les expressions suivantes.

auf der Straße	*dans la rue*
auf dem Markt	*au/sur le marché*
auf Korsika	*en Corse*

2 Remets les phrases dans l'ordre du dialogue précédent.

1 Thomas, hier ist Uschi, meine Schwester! ....
2 Guten Tag, Katrin! ....
3 Es ist Samstag morgen. ....
4 Katrin geht mit ihrer Schwester Uschi aus. ....

3 Remets chaque phrase en ordre.

1 und / Uschi / Thomas / sich / kennen / nicht /.
2 Tag, / Uschi / Guten /!
3 hier / Uschi, / ein / ist / mir / von / Schulkamerad / Thomas /.
4 das / und / Wetter / schön / ist / sehr / nicht /.

4 Quels sont les mots qui doivent prendre une majuscule ?

1 ich bin ein schulkamerad von katrin ....
2 uschi ist meine schwester ....
3 thomas, hier ist uschi! ....
4 uschi kennt thomas nicht ....

5 Complète les phrases suivantes.

1 Plötzlich .... Katrin Thomas .... d.... Straße.
2 Thomas und Katrin geh.... in d.... selbe Schule und s.... in d.... selben Klasse.
3 Uschi i.... d.... Schwester .... Katrin und Thomas ein Schulfreund .... Katrin.
4 Es i.... Samstag .... und d.... Wetter i.... .... sehr schön.

6 Fais correspondre chaque mot et sa traduction.

1 se rencontrer	**a** ein Schulfreund
2 bonjour	**b** vorstellen
3 ma sœur	**c** guten Tag
4 lundi	**d** sich treffen
5 sortir	**e** Montag
6 mercredi	**f** meine Schwester
7 un camarade d'école	**g** Mittwoch
8 présenter	**h** ausgehen

La rencontre

die Begegnung(en)	*la rencontre*
Es war eine flüchtige Begegnung.	*Ce fut une rencontre furtive.*
das Treffen	*la rencontre*
begegnen *(vb faible, + datif)*	*rencontrer*
treffen (i, a-o) *(+ accusatif)*	*rencontrer*
einen Kollegen auf der Straße treffen	*rencontrer un collègue dans la rue*
jemanden zufällig treffen	*rencontrer quelqu'un par hasard*
In den Finalkämpfen trifft er auf einen kubanischen Boxer.	*Il a rencontré en finale un boxeur cubain.*
der Termin(e)	*le rendez-vous*
einen Termin festsetzen	*fixer un rendez-vous*

Connaître, faire la connaissance de

kennen	*connaître*
Ich kenne dich nicht.	*Je ne te connais pas.*

➲ ATTENTION : *à distinguer de* können *et* wissen :

Ich kann schwimmen.	*Je sais nager.*
Ich weiß, daß du krank bist.	*Je sais que tu es malade.*
der Bekannte	*la connaissance*
Das ist ein Bekannter von mir.	*C'est une de mes connaissances.*
jn kennen lernen	*faire la connaissance de qn*

Ich habe sie in Deutschland kennengelernt.
J'ai fait sa connaissance en Allemagne.

vor / stellen	*présenter*

Darf ich Ihnen Herrn Soundso vorstellen?
Puis-je vous présenter Monsieur Untel?
Der Kandidat stellte sich den Wählern vor.
Le candidat s'est présenté aux électeurs.

➲ ATTENTION : *Le verbe* stellen *peut se trouver avec un grand nombre de particules verbales, comme* ab-, auf-, aus-, dar-, ein-, fest-, her-, nach-, ver-, zu.
Ich stelle mir vor, daß das gar nicht so einfach ist.
Je m'imagine que ce n'est pas aussi simple.

■ *Le temps*

– le temps comme dimension : die Zeit

Ich habe keine Zeit, das zu tun. *Je n'ai pas le temps de le faire.*

– les jours de la semaine :

Ils sont formés à partir de Tag :

Sonntag	*dimanche*	Montag	*lundi*	Dienstag	*mardi*
Donnerstag	*jeudi*	Freitag	*vendredi*	Samstag	*samedi*

sauf Mittwoch *(mercredi)* : *c'est le milieu* (die Mitte) *de la semaine* (die Woche).

– les moments de la journée :

Mittag (*midi*) *peut servir de point de repère* :

der Vor**mittag** *(le matin)*, der Nach**mittag** (*l'après-midi*)

S'y ajoutent : der Abend *(le soir)*, die Nacht (*la nuit*)

– se situer dans le temps :

gestern *(hier)* heute *(aujourd'hui)* morgen *(demain)*
heute morgen *(ce matin)* heute nachmittag *(cet après-midi)*
übermorgen *(après-demain)*

– le temps qu'il fait : das Wetter

Das Wetter ist nicht sehr schön. *Il ne fait pas très beau.*

■ *Aller*

L'allemand précise le mode de locomotion utilisé :

gehen *aller à pied* fahren *aller avec un véhicule* fliegen *aller en avion*

➔ <u>ATTENTION</u> : *La particule ajoutée au verbe simple en fait varier le sens :*

aus/gehen (i, a, + sein) *sortir (à pied)*
aus/fahren (u, a, + sein) *sortir (avec un véhicule)*

– les substantifs de la famille :

der Abgang(¨e)	die Abfahrt(en)	*le départ*
der Ausgang(¨e)	die Ausfahrt(en)	*la sortie*
der Eingang(¨e)	die Einfahrt(en)	*l'entrée*
der Aufgang(¨e)	die Auffahrt(en)	*l'ascension*
der Übergang(¨e)	die Überfahrt(en)	*le passage / la traversée*
der Untergang(¨e)		*le déclin*

■ Expressions idiomatiques

Es ist noch nicht aller Tage Abend.	*Rira bien qui rira le dernier* ou *qui vivra verra.*
nicht von gestern sein	*ne pas être né de la dernière pluie*
in den Tag hineinschlafen	*vivre au jour le jour*
den Tag hineinschlafen	*faire la grasse matinée*

2 Wer bist du? / *Qui es-tu?*

1 Complète le dialogue avec les mots qui conviennent.

wohnst stellt... vor Geburtstag Mozartstraße Junge
bin Telefonnummer älter acht einhalb Mädchen

K.: *Katrin* **U.:** *Uschi* **T.:** *Thomas*
K.: Uschi, es ist Thomas. Sie ist zwölf.
U.: Katrin, es ist aber kein ...., es ist ein ....!
Er ist zwölf!
K.: Jawohl, Uschi, richtig! Heute morgen .... ich noch nicht wach!
U.: Ich bin ...., fast neun und Katrin ist zwölf! Katrin ist also drei Jahre .... als ich!
T.: Katrin, ich lade dich nächsten Samstag zu meinem .... ein! Du kannst auch mitkommen, Uschi!
K.: Ich habe aber vergessen, wo du .... Wo wohnst du denn?
T.: .... 3. Meine .... ist: 456612.
K.: Moment, ich schreibe sie auf: vier, fünf, sechs, sechs, eins, zwei. In Ordnung.

rappel

Les chiffres

Il faut apprendre les chiffres de 0 à 20, puis la façon de former les dizaines et les nombres à partir de ces dizaines.
0 null, *1* eins, *2* zwei, *3* drei, *4* vier, *5* fünf, *6* sechs, *7* sieben, *8* acht, *9* neun, *10* zehn, *11* elf, *12* zwölf
de 13 à 19 : à partir du chiffre (3 à 9) et de zehn :
dreizehn, vierzehn, fünfzehn, sechzehn, siebzehn, achtzehn, neunzehn
les dizaines : formées avec le suffixe -zig *sauf pour « trente » :* 20 : zwanzig, 40 vierzig, 50 fünfzig, 60 sechzig, 70 siebzig, 80 achtzig, 90 neunzig
mais dreißig
cent et mille : hundert, tausend

➔ ATTENTION : *Les nombres sont formés de façon inverse de la façon française :*
vingt et un einundzwanzig

2 Écris en toutes lettres les chiffres ou les nombres suivants.

1 30 ....
2 90 ....
3 46 ....
4 9 ....
5 19 ....

3 Relie les questions aux bonnes réponses.

1 Wo wohnt Thomas?	**a** Er ist zwölf.
2 Wie alt ist Thomas?	**b** Sie hat vergessen, wo Thomas wohnt.
3 Wie alt ist Uschi?	**c** Katrin schreibt die Telefonnummer von Thomas auf.
4 Was hat Katrin vergessen?	**d** Er wohnt Mozartstraße 3.
5 Was schreibt Katrin auf?	**e** Sie ist fast neun.

4 Souligne l'intrus.

1 Junge	Mädchen	Frau	Tag
2 Geburtstag	Montag	Woche	dreißig
3 Telefonnummer	Adresse	wohnen	vergessen

5 Retrouve les articles définis correspondant aux noms de l'exercice 4.

1 ....
2 ....
3 ....
4 ....
5 ....
6 ....
7 ....
8 ....

6 Sépare les phrases suivantes en mots et rétablis les majuscules et la ponctuation.

a momentichschreibesieaufvierfünfsechssechseinszweiinordnung
b ichbinachteinhalbfastneunundkatrinistzwölf
c katrinesistaberkeinmädchenesisteinjunge
d katrinistalsodreijahreälteralsich
e katrinichladedichnächstensamstagzumeinemgeburtstagein

Die Person(en) : *la personne*

das Mädchen(-)	*la (jeune) fille*
der Junge(n, n)	*le (jeune) garçon*
der/die Jugendliche (adj. subst.)	*l'adolescent(e)*
die Frau(en)	*la femme*
der Mann(¨er)	*l'homme*

ATTENTION : *« femme » et « madame » sont traduits par le même mot en allemand, alors qu'il existe deux termes distincts pour « homme » et « monsieur » :*

die Frau	der Mann
Frau X	der Herr(en), Herr X

Die Wohnung(en) : *l'habitation, le logement, l'appartement*

wohnen	*habiter*
Ich wohne in einem Haus.	*J'habite une maison.*
das Wohnhaus(¨er), das Hochhaus(¨er)	*l'immeuble*
Ich wohne in einem vierstöckigen Hochhaus.	*J'habite un immeuble de quatre étages.*
die Adresse(n)	*l'adresse*

En Allemagne, les adresses commencent par le nom de la rue, suivi du numéro :

Mozartstraße 3	*3, rue Mozart*

Pour le nom de la rue, on commence par le nom propre, puis on termine par -straße *(rue) ou* -gasse *(ruelle).*

die Telefonnummer(n)	*le numéro de téléphone*
die Nummer	*(le numéro)*
+ das Telefon	*(le téléphone)*

C'est un mot composé, phénomène fréquent et pratique en allemand. On peut former de très grands mots composés, le principe est toujours le même : le déterminé est à droite, le déterminant est à gauche ; le genre du mot composé est le même que celui du mot déterminé ; ici, Nummer *est féminin, donc* Telefonnummer *est féminin.*

■ Der Geburtstag : *l'anniversaire*

Geburtstag = der Tag der Geburt

die Geburt(en) *la naissance* geboren werden/sein *être né/naître*

➲ ATTENTION : *Il existe un verbe fort* gebären, *qui signifie « donner naissance à », mais il s'emploie pour les animaux.*

jn zu einem Geburtstag ein/laden (ä, u, a) *inviter qn à un anniversaire*

Ich lade dich zu meinem Geburtstag ein. *Je t'invite à mon anniversaire.*

■ Schreiben (ie, ie) : *écrire*

auf/schreiben (ie, ie)	*écrire (sur qc)*
die Schrift(en)	*l'écriture*
das Schreiben	*le fait d'écrire, l'écriture*
der Buchstabe(n, n)	*la lettre*
der Großbuchstabe	*la majuscule d'imprimerie*
nieder/schreiben (ie, ie)	*écrire (= coucher sur le papier)*
unterschreiben (ie, ie)	*signer*
die Unterschrift(en)	*la signature*
das kann ich unterschreiben	*Je peux y souscrire.*

■ *Contraires*

richtig, *juste, exact*	≠ falsch, *faux*
wach, *éveillé*	≠ schläfrig, *endormi*
auf/wachen, *se réveiller*	≠ schlafen (ä, ie, a), *dormir*
auf/stehen, *se lever*	≠ ein/schlafen (ä, ie, a), *s'endormir*
der Schlaf *le sommeil*	
die Geburt(en), *la naissance*	≠ der Tod(e), *la mort* tot sein, *être mort* sterben (a, o, sein), *mourir* töten, *tuer*
vergessen (i, a, e), *oublier*	≠ sich an (+ *Acc.*) erinnern, *se souvenir de*
Ich habe dich nicht vergessen.	*Je ne t'ai pas oublié.*
Ich habe vergessen, es zu tun.	*J'ai oublié de le faire.*
die Erinnerung (an + Acc.)	*le souvenir*
die Vergessenheit	*l'oubli*
in Vergessenheit geraten	*tomber dans l'oubli*

■ Expressions idiomatiques

die Zeit totschlagen	*tuer le temps*
auf den toten Punkt kommen	*être au point mort*
an die falsche Adresse geraten	*se tromper d'adresse*
Wir haben ihn in guter Erinnerung.	*Nous avons un bon souvenir de lui.*

3 Wie geht's? / *Comment vas-tu ?*

1 Complète le dialogue avec les mots suivants.

gut besser Arzt im Bett liegen Vorsicht Ihm geht's
Schmerzen anstecken Fieber krank hat sah ... aus

K.: *Katrin* **T.:** *Thomas* **U.:** *Uschi*

K.: Thomas, was machst du denn hier so spät am Morgen bei dem Wetter? Es ist doch fast halb zwölf und es ist so wolkig!

T.: Ich möchte Karl besuchen. .... eben nicht so .... Er ist seit zwei Tagen .... und bleibt den ganzen Tag ....

K.: Das ist aber Pech! Hoffentlich geht's ihm bald ....! Und ....! Vielleicht wirst du auch krank!

T.: Keine Angst! Mir geht's sehr gut, und ich bleibe nicht sehr lange bei ihm. So wird er mich nicht .... können!

U.: Was .... er aber? Gestern .... er so gut ....!

T.: Ich weiß es nicht. Er hat .... und .... am ganzen Körper. Der .... soll ihn heute nachmittag besuchen. Dann werden wir Bescheid wissen.

rappel

Question / Réponse

Comment vas-tu? Wie geht es dir?
Je vais bien. Mir geht es gut.
Je ne vais pas bien. Mir geht es schlecht/ nicht gut.
Dans la langue courante, on dit : mir geht's gut/nicht gut.

Prépositions

seit zwei Tagen — *depuis deux jours*
bei dem Wetter — *par ce temps*
bei ihm — *chez lui*
am ganzen Körper — *sur tout le corps*

2 Classe les mots selon leur catégorie.

aussehen	der Morgen
der Besuch	krank
besichtigen	haben
gestern	vielleicht
hoffentlich	gehen
das Fieber	die Schmerzen
schmerzlich	heute

Adjectif	Adverbe	Substantif	Verbe
....	....	....	....
....	....	....	....
....	....	....	....
....	....	....	....

3 Remets les lettres de chaque mot en ordre. Ensuite, ajoute éventuellement l'article et la majuscule, si besoin est.

1 krkan ....
2 agnncstkeu ....
3 gsant ....
4 Igneei ....
5 zhscmre ....

4 Remets chaque phrase dans le bon ordre.

1 und – wolkig – doch – ist – fast – zwölf – es – es – so – halb – ist

....

2 was – Thomas, – du – machst – so – hier – denn – Morgen – am – Wetter – dem – bei – spät –?

....

3 ist – zwei – seit – er – Tagen – krank – Tag – den – im – ganzen – liegen – bleibt – und – Bett

....

4 Arzt – ihn – soll – der – nachmittag – besuchen – heute

....

5 hat – Schmerzen – Fieber – und – er – ganzen – Körper – am

....

5 Mets les noms sur la bonne ligne.

Bett – Tag – Krankheit – Vorsicht – Besuch – Arzt

Masculin ....

Féminin ....

Neutre ....

6 Peux-tu trouver le nom féminin correspondant ?

1 der Freund ....

2 der Nachbar ....

3 der Schüler ....

4 der Kollege ....

5 der Junge ....

7 Remplis la grille avec des mots du dialogue de l'exercice 1.

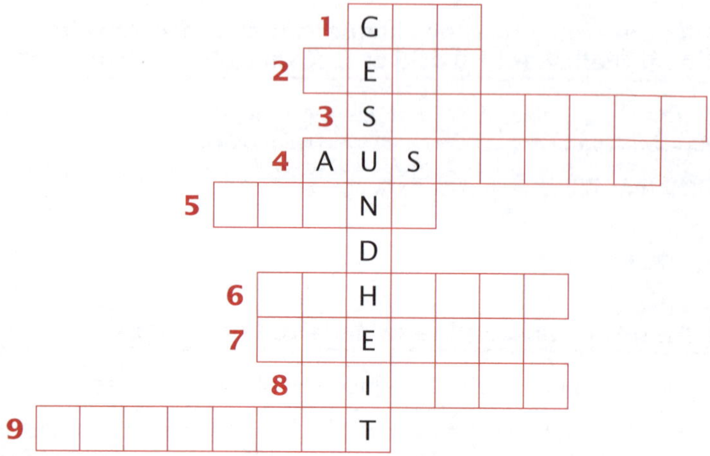

8 Relie chaque mot à sa traduction.

der Schmerz	la prudence
das Leid	la douleur
die Gesundheit	la visite
die Krankheit	la santé
das Fieber	la peine
der Besuch	la maladie
die Vorsicht	la fièvre

■ Der Besuch(e) : *la visite*

jn besuchen	*rendre visite à qn*
Er ist zu Besuch.	*Il est en visite.*

➲ ATTENTION : *aller voir qc (une ville, un musée)* = etwas besichtigen

aus/sehen (ie, a, e)	*avoir l'air (de)*
gut / schlecht aus/sehen	*avoir l'air bien / mal*
krank aus/sehen	*avoir l'air malade*
krank *malade*	die Krankheit(en) *la maladie*
gesund *en bonne santé*	die Gesundheit *la santé*
Gesundheit!	*À vos souhaits !*
im Bett liegen (a, e)	*être au lit*

➲ ATTENTION : liegen *indique une position horizontale, par rapport à* stehen, *qui indique une position verticale.*

das Fieber	*la fièvre*

Peut être employé au sens concret comme au sens figuré.

hohes Fieber haben	*avoir une forte fièvre*

Das Fieber der Spielleidenschaft hatte ihn erfaßt.
La fièvre du jeu s'était emparée de lui.

der Schmerz(en)	*la douleur*
schmerzlich	*douloureux*
das Leid(en)	*la peine, la souffrance*
Es tut mir leid.	*Je suis désolé.*
an (+ D) leiden (litt, gelitten)	*souffrir d'une maladie*
unter (+ D leiden)	*souffrir de qc*
die Vorsicht	*la prudence*
Vorsicht!	*Attention !*
vorsichtig sein	*être prudent*
vor / sehen (ie, a, e)	*prévoir (construit comme en français,* vor- *indique ce qui est avant, devant, et* sehen, *voir)*

■ Expressions idiomatiques

Drunter und drüber gehen	*aller sens dessus dessous*
Sicher ist sicher.	*Deux précautions valent mieux qu'une.*

4 Das Aussehen / *L'aspect extérieur*

1 Complète le dialogue avec les mots suivants.

kennst älter Nachbar schau ... an kenne dicker braune gesehen Augen aussieht Ohren dünn größer Nase klein dicken Haare kleine (2) braune

T.: Katrin, ... du meinen Freund Otto?
K.: Ist er in deiner Klasse?
T.: Nein, das ist mein ....
Hast du ihn schon ....?
K.: Vielleicht, sag mir aber, wie er .... Dann sage ich dir, ob ich ihn .... oder nicht.
T.: Er ist etwas .... als ich, er
ist .... und auch ...., mit einem .... Bauch.
Er hat .... Haare, blaue ....,
eine .... Nase, breite ...., genauso wie ich!
K.: Aber nein Thomas, so siehst du auch nicht aus!
Du hast blonde ...., ... Augen, eine große
............, ... Ohren und du bist ziemlich ....
und ....!
T.: Aber nein, Katrin!
K.: Beschreib dich, Thomas, aber vorher .... dich im Spiegel
............!
T.: Alles gut, Katrin, wenn du es sagst; ich dachte doch...

rappel

Prépositions

in *(dans) est suivi de l'accusatif (pour le directif) ou du datif (pour le locatif), comme ici :* <u>in</u> deine<u>r</u> Klasse, <u>im</u> Spiegel (im *pour* in dem)

Conjonctions

wie : *comme, comment*
wenn : *si, quand*
Wenn du es sagst ... *Si tu le dis ...*

Retiens la comptine.

Guten Tag, guten Tag sagen alle Kinder,
große Kinder, kleine Kinder
dicke Kinder, dünne Kinder
guten Tag, guten Tag sagen alle Kinder.

2 Nomme les différentes parties du visage.

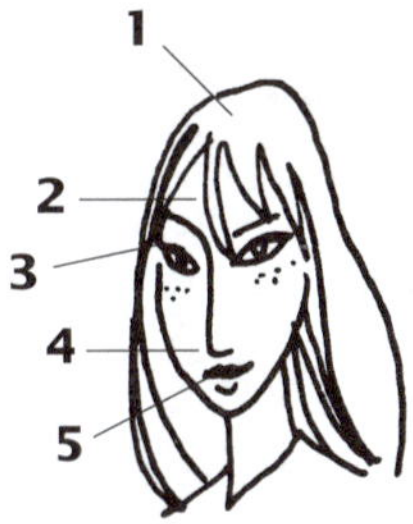

1 ....

2 ....

3 ....

4 ....

5 ....

3 Complète les phrases si nécessaire.

1 Du ha... blond... Haar..., braun... Aug..., ein... groß... Nase, klein... Ohr..., und du bi... ziemlich klein... und dünn...
2 Er i... etwas ält... als ich, er i... größ... und auch dick..., mit ein... dick... Bauch.
3 I... er in dein... Klasse...?
4 Dann sag... ich d..., ob ich ih... kenn... oder nicht.
5 Ha... du ih... schon geseh...?

4 Sépare les mots dans les phrases comme il convient et mets majuscules et ponctuation si nécessaire.

1 erhatbraunehaareblaueaugeneinekleinenasebreiteohren genausowieich
2 duhastblondehaarebrauneaugeneinegroßenasekleineohren unddubistziemlichkleinunddünn
3 beschreibdichthomasabervorherschaudichimspiegelan
4 katrinkennstdumeinenfreundotto

5 Dis le contraire.

1 Ich bin klein und dick.
2 Seine Augen sind groß und seine Nase ist klein.
3 Otto ist nicht mein Nachbar.
4 Du bist älter als er, du bist auch kleiner und dünner.

WORTSCHATZ

Les connaissances

der Bekannte (*adj. substantivé*) :	*la personne que l'on connaît, la connaissance*
der Freund(e) *l'ami* die Freundin(nen)	*l'amie*
der Feind(e)	*l'ennemi*
freundlich *aimable* ≠ feindlich	*hostile*
freundschaftlich	*amical*
der Schulkamerad(en, en), der Schulfreund	*le camarade de classe*
der Nachbar(n, n)	*le voisin*
die Nachbarin(nen)	*la voisine*

Les sens

sehen (ie, a, e)	*voir*
die Sicht	*la vue, la vision*
auf kurze/lange Sicht	*à court terme / à long terme*
die Ansicht	*l'opinion*
die Aussicht	*la perpective*
die Aufsicht	*la surveillance*
die Vorsicht	*la prudence*
sichtbar	*visible*
das Gesicht(er/e)	*le visage, la vue, la vision*
das Gehör	*l'ouïe*
das Gefühl	*le toucher*
der Geruch	*l'odorat*
der Geschmack	*le goût*

L'aspect : das Aussehen

alt			*âgé*
jung			*jeune*
die Jugend			*la jeunesse*
das Alter			*l'âge*
ältere Leute			*des gens d'un certain âge*
groß	*grand*	≠ klein	*petit*
die Größe	*la taille*	≠ die Kleinheit	*la petitesse*

➲ ATTENTION : *Ne pas confondre* die Kleinheit *et* die Kleinigkeit(en) (*le petit rien*)

dick	*gros*	≠ dünn	*mince*
die Dicke	*l'épaisseur*	≠ die Dünnheit	*la minceur*

braun	*brun, marron*	≠ blond	*blond*
die Bräune			*le bronzage*

➲ ATTENTION : schon (*déjà*) *n'est pas* schön (*beau*).

La description : die Beschreibung(en)

sich beschreiben (ie/ie)	*se décrire*
das Haar(e)	*les cheveux*
behaart	*chevelu*
kahl	*chauve*
die Stirn	*le front*
das Auge(n)	*l'œil*
die Wimper(n)	*le cil*
die Augenbraue(n)	*le sourcil*
das Augenlid(er)	*la paupière*
die Nase(n)	*le nez*
das Ohr(en)	*l'oreille*
der Mund(e)	*la bouche*
die Lippe(n)	*la lèvre*
ein geschultes Auge / Ohr haben	*avoir l'œil, l'oreille exercé(e)*
schulen	*éduquer, perfectionner*

Se regarder : sich an/schauen

der Spiegel (-)	*le miroir*
wider/spiegeln	*refléter (sens concret et figuré)*
über (+ *Acc.*) nach/denken	*réfléchir à qc*
(an + *Acc.*) denken (dachte, gedacht)	*penser (à qc)*
der Gedanke(ns, n)	*la pensée*

Expressions idiomatiques

Er ist nicht auf den Mund gefallen.	*Il n'a pas la langue dans la poche.*
einen Frosch im Halse haben	*avoir un chat dans la gorge*
Ich habe die Nase voll (*fam.*).	*J'en ai plein le dos (fam.)/ j'en ai assez.*
Auge um Auge, Zahn um Zahn	*œil pour œil, dent pour dent*
seinen Mund halten	*garder un secret*
das ist in aller Munde	*tout le monde en parle*

5 Mein Körper / *Mon corps*

1 Complète le dialogue avec les mots qui conviennent.

Mund runden(2) häßlich dick schmalen Armen
Kopf Händen langen Füßen Wangen Beinen
groß Hals beschreibt

U.: Thomas, ich will dich zeichnen!
T.: Zuerst also meinen ....! Einen .... Kopf!
U.: Mit zwei .... Augen, einer .... Nase, einem roten ...., roten ...., braunem Haar! ...., ..., so bist du!
T.: Uschi, Katrin .... mich überhaupt nicht so! Ich soll braune Augen, blonde Haare, eine große Nase, kleine Ohren haben, klein und dünn sein!
U.: Macht nichts! So zeichne ich dich! Mit zwei langen ...., langen ...., großen .... und ...., einem dicken ....!
T.: So sehe ich wie ein Monster aus! Bin ich wirklich so ....?
U.: Schwer zu sagen. Häßlich vielleicht nicht, schön aber nicht!
T.: Danke, Uschi, für das Porträt!

rappel

Prépositions

mit *(+ datif) avec*

Petits mots

zuerst	*d'abord*	wirklich	*vraiment*
also	*donc*	schwer	*difficile*
überhaupt nicht	*pas du tout*	vielleicht	*peut-être*
so	*ainsi/ si + adj.*	aber	*mais*
nichts	*ne ... rien*	danke	*merci*

On dit aussi : danke sehr/schön/vielen Dank *merci beaucoup*
la réponse est : bitte sehr/schön *de rien*

2 Écris les noms des différentes parties du corps.

1 ....
2 ....
3 ....
4 ....
5 ....
6 ....
7 ....
8 ....
9 ....
10 ....
11 ....

3 Trouve les contraires des mots suivants.

1 schwer ....
2 breit ....
3 lang ....
4 klein ....
5 dünn ....

4 Quel est l'article qui convient pour les noms suivants ?

Bein – Schönheit – Länge – Arm – Hals

der	die	das
....	....	....
....	....	....

5 Te souviens-tu du sens de ces mots ? Relie-les.

1 der Freund	**a** l'école
2 die Schule	**b** le médecin
3 der Besuch	**c** le jour
4 der Arzt	**d** mercredi
5 Mittwoch	**e** la visite
6 der Tag	**f** l'ami

■ *Le dessin :* die Zeichnung(en)

zeichnen	*dessiner*
das Zeichen	*le signe*
bezeichnen	*désigner*
die Bezeichnung	*la désignation*

➲ ATTENTION : *à la présence ou à l'absence de « n » dans le mot !*

das Porträt(e)	*le portrait*

■ Der Körper

der Körper(-)	*le corps*	≠	der Geist(e)	*l'esprit*
körperlich	*physiquement*	≠	geistig	*intellectuellement*
der Kopf(¨e)	*la tête*			
köpfen	*ôter la tête, étêter*			
die Wange(n)	*la joue*			
der Arm(e)	*le bras*			
die Schulter(n)	*l'épaule*			
die Hand(¨e)	*la main*			
der Finger(-)	*le doigt (main)*			
der Daumen(-)	*le pouce*			
der Fuß(¨e)	*le pied*			
die Zehe(n)	*le doigt de pied*			
das Bein(e)	*la jambe*			
der Hals	*le cou*			
der Bauch(¨e)	*le ventre*			
der Rücken	*le dos*			
das Gesäß	*le derrière*			

rund	*rond*
die Rundheit	*la rondeur*
die Runde	*la ronde*

schmal	*étroit*	≠	breit	*large*
die Schmalheit	*l'étroitesse*	≠	die Breite(n)	*la largeur*
lang	*long*	≠	kurz	*court*
die Länge	*la longueur*	≠	die Kürze	*la brièveté*
schön	*beau*	≠	häßlich	*laid*
die Schönheit(en)	*la beauté*	≠	die Häßlichkeit	*la laideur*
hübsch	*mignon, joli*			

schrecklich	*horrible*
erschrecken (erschrak, ist erschrocken)	*avoir peur*
erschrecken (erschreckte, hat erschreckt)	*effrayer*

schwer	*difficile / lourd*	≠ leicht	*facile, léger*
die Schwere	*la lourdeur*	≠ die Leichtheit	*la légèreté*
die Schwierigkeit	*la difficulté*	≠ die Leichtigkeit	*la légèreté, la facilité*
zu/nehmen (i, a, o)	*grossir*	≠ ab/nehmen	*maigrir*

Wieviel wiegst du? *Combien pèses-tu?*

wiegen (o, o)	*peser*	das Gewicht (e)	*le poids*

Er hat ein Kilo zugenommen. *Il a pris un kilo.*

die Waage	*la balance*

groß	*grand*	≠ klein	*petit*
die Größe(n)	*la taille / grandeur*	≠ die Kleinheit	*la petitesse*

Wie groß bist du? *Quelle taille fais-tu?*

Er ist sehr gewachsen. *Il a beaucoup grandi.*

wachsen (u, a, + sein) *grandir, croître* (= größer werden)

der Zwerg(e)	*le nain*	≠ der Riese(n, n)	*le géant*

stark	*fort*	≠ schwach	*faible*
die Stärke	*la force, la puissance*	≠ die Schwäche(n)	*la faiblesse*
die Kraft(¨e)	*la force, la vigueur*		
kräftig	*vigoureux*		
die Macht(¨e)	*le pouvoir, la puissance*		
mächtig	*puissant*		

linke Hand/rechte Hand	*main gauche/main droite*
mit verkehrter Hand	*d'un revers de main*
jm die Hand drücken	*serrer la main de qn*
jm die Hand reichen	*tendre la main à qn*
es liegt auf der Hand	*c'est clair comme le jour*

■ Expressions idiomatiques

Er schüttelte ihm die Hand.	*Il lui a donné une poignée de main.*
von Kopf bis Fuß	*de la tête aux pieds*
Ich drücke / halte dir den/die Daumen	*Je croise les doigts.*
häßlich wie die Nacht	*laid comme un pou*
die Hand immer in der Tasche haben	*être généreux*
die Hand auf der Tasche halten	*refuser de payer*
freie Hand haben	*avoir les mains libres*

6 Die Kleidung / *Les vêtements*

1 Complète le dialogue avec les mots suivants.

Schlafanzug *Jeans* *Größe* *sieh ... an*
T-Shirt *zieh ... an* *Strümpfe* *Pulli*

T.: Aber Otto, ... dich doch ....!
O.: Was ist aber los mit mir?
T.: Du hast doch deinen .... an!! .... dich doch ....!!
O.: Du hast aber recht, Thomas! Ich bin ja noch nicht wach!
Sie gehen zu Otto.
O.: Hier ist meine ....Wo ist denn mein ....?
T.: Dort! Den sehe ich! Dein .... ist doch schmutzig!
O.: Gib bitte! Die Jeans sitzt mir nicht gut, die ist zu breit! Ist die nicht meine!
T.: Welche .... hast du? Ich habe Größe 36.
O.: Ich habe Größe 34. Ich suche noch meine ....
T.: Jetzt hast du alles an! Dein T-Shirt, deine Jeans, deinen Pulli! Los!

rappel

- **Fais attention au petit mot an dans :**

siech dich an! (sich an/sehen)
zieh dich doch an! (sich an/ziehen)
Jetzt hast du alles an! (*ce n'est pas le verbe* anhaben)

- **Importance des petits mots en allemand**

– *Tout seuls, ils peuvent signifier quelque chose :*
Los! *En avant, on y va!*
À ne pas confondre avec :
Was ist los mit mir? *Qu'est-ce que j'ai ? Qu'est-ce qui m'arrive ?*
– doch *et* aber, *employés dans la phrase, n'ont pas forcément un sens précis, ils servent à renforcer l'expression de ce qui est dit.*
– hier : *pour le lieu (ici) de celui qui parle.*
– jetzt : *pour le temps (maintenant) de celui qui parle.*
– zu : *dans* sie gehen zu Otto, *sert à l'expression du complément de lieu directif, alors que dans* sie ist zu breit, *il signifie « trop ».*

2 Écris les noms des vêtements que portent le garçon et la fille.

1 ....
2 ....
3 ....
4 ....
5 ....
6 ....
7 ....
8 ....
9 ....

3 Retrouve les noms de vêtements suivants dans la grille.

(die) Jacke
(das) Kleid
(der) Rock
(der) Mantel
(die) Hose
(die) Jeans
(das) Hemd

J	E	A	N	S	K	R	D
M	A	N	T	E	L	Q	E
R	O	C	K	H	E	M	D
A	B	A	K	P	I	P	S
T	H	O	S	E	D	S	F

4 Relie les mots français avec leurs équivalents allemands.

1 la jupe
2 le pantalon
3 la robe
4 le vêtement
5 le manteau

a das Kleid
b die Kleidung
c der Rock
d der Mantel
e die Hose

5 Souligne l'intrus.

1 geben
tragen
anziehen

2 der Schuh
der Stiefel
die Hose

3 die Hose
die Jeans
das Kleid

4 das T-Shirt
der Schuh
der Pulli

WORTSCHATZ

Die Kleidung / Die Kleidungsstücke
l'habillement, les vêtements

sich an / ziehen *s'habiller* ≠	sich aus / ziehen *se déshabiller*
eine Kleidung an / ziehen ≠	eine Kleidung aus / ziehen
sich um / ziehen	*se changer*
Er ist angekleidet.	*Il est habillé.*
die Hose(n)	*le pantalon*
die Latzhose(n)	*la salopette*
die Jeans	*le jean*
das Kleid(er)	*la robe*
der Rock(¨e)	*la jupe*
das T-Shirt(s)	*le T-shirt*
das Hemd(en)	*la chemise*
die Bluse(n)	*le chemisier*
der Pullover (-), der Pulli(s)	*le pull-over*
die Strickjacke(n)	*la veste tricotée*
der Anzug(¨e)	*le costume*
der Blazer(-)	*le blazer*
der Blouson(s)	*le blouson*
der Mantel(¨)	*le manteau*
der Regenmantel(¨)	*l'imperméable*
der Strumpf(¨)	*la chaussette*
die Strumpfhose(n)	*le collant*
die Socke(n)	*la socquette*
der Slip(s)	*le slip*
die Unterhose(n)	*la culotte*
das Unterhemd(en)	*le tricot de corps*
der Büstenhalter(-), der BH(s)	*le soutien-gorge*

Pour la nuit

der Schlafanzug(¨e)	*le pyjama*
das Nachthemd(en)	*la chemise de nuit*
der Morgenrock(¨e)	*la robe de chambre*
die Schuhe an/ziehen	*mettre ses chaussures*
≠ aus/ziehen	*enlever ses chaussures*
der Hut auf/setzen	*mettre son chapeau*
≠ ab/nehmen	*enlever son chapeau*

Pour le bain

der Badeanzug(¨e)	*le maillot de bain...*
der Bikini(s)	*...pour les filles*
die Badehose(n),	*...pour les garçons*
die Badekappe	*le bonnet de bain*
der Bademantel	*le peignoir de bain*

Aux pieds

der Schuh(e)	*la chaussure*
der Pantoffel(n)	*la pantoufle*
das Paar Schuche	*la paire de chaussures*
der Stiefel(-)	*la botte*

Parties d'un vêtement

der Ärmel(-)	*la manche*
der Kragen(-)	*le col*
die Tasche(n)	*la poche*
der Rollkragen	*le col roulé*

Accessoires

das Taschentuch(¨er)	*le mouchoir*	die Brille(n)	*les lunettes*
das Kopftuch(¨er)	*le foulard*	die Sonnenbrille	*les lunettes de soleil*
der Schal(e/s)	*l'écharpe*	der Regenschirm(e)	*le parapluie*
die Mütze(n)	*le bonnet*	die Handtasche(n)	*le sac à main*
die Schirmmütze	*la casquette*	der Gürtel(-)	*la ceinture*
der Hut(¨e)	*le chapeau*	die Krawatte(n)	*la cravate*
		der Handschuh(e)	*le gant*

Bijoux

der Schmuck (Schmucksachen)	*les bijoux*
die Halskette/Kette(n)	*le collier / la chaîne*
der Ring(e)	*la bague*
der Ohrring(e)	*la boucle d'oreille*
das Armband(¨e)	*le bracelet*
die Armbanduhr(en)	*la montre bracelet*

Expressions idiomatiques

Kleider machen Leute.	*L'habit ne fait pas le moine.*
Er hängt sein Mäntelchen nach dem Winde.	*C'est une vraie girouette.*
Es ist Jacke wie Hose.	*C'est bonnet blanc et blanc bonnet.*
Vieles unter einen Hut bringen.	*mettre tout le monde d'accord*
den Hut ziehen	*ôter, tirer son chapeau (pr. et fig.)*

7 Meine Familie / *Ma famille*

1 Complète le dialogue avec les mots suivants.

Cousins *Vater* *Schwestern* *Eltern*
Mutter *Bruder* *Großeltern* *Tante*

O.: Thomas, ich stelle dir meine .... vor.
T.: Guten Tag, Frau Schmidt!
F.S.: Hallo, Thomas!
O.: Mein .... ist jetzt nicht zu Hause. Mein .... Peter ist auch aus. Meine Schwester Olga macht ihre Hausaufgaben in ihrem Zimmer. Meine .... machen Urlaub.
T.: Meine .... kennst du doch, Otto. Zur Zeit verreisen sie durch Amerika. Meine Schwestern und ich bleiben hier mit meinen Großeltern.
Meine .... und mein Onkel wohnen in der Nähe.
Meine .... studieren aber nicht hier, sondern in Hamburg.
O.: Cousins, Tante und Onkel habe ich nicht. Welches Glück hast du!
T.: Weißt du, Otto, meine Cousins sind viel älter als ich, älter noch als meine .... Mit ihnen kann ich doch nicht spielen! Es ist überhaupt nicht so toll!

rappel

- **Revoir l'expression du locatif**

zu Hause
in ihrem Zimmer
in der Nähe (in + *datif*)
in Hamburg (*nom de ville, pas d'article*)
hier
avec des verbes statiques : sein, bleiben, wohnen, studieren.

- durch + *accusatif = expression du passage :*

Sie verreisen durch Amerika.

- *Attention à la liaison* nicht ... sondern :

Meine Cousins studieren aber nicht hier, sondern in Hamburg.

2 Observe l'arbre généalogique et complète les phrases.

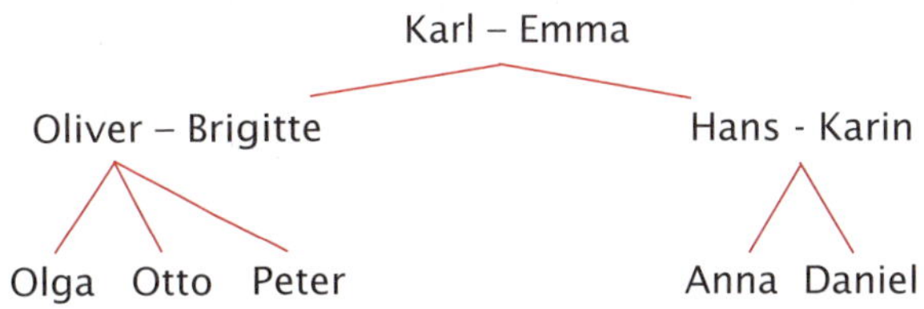

1 Peter ist der .... von Otto.
2 Olga ist die .... von Otto.
3 Karl und Emma sind die .... von Anna.
4 Oliver und Brigitte sind die .... von Olga.
5 Anna und Daniel sind die .... von Peter.
6 Hans ist der .... von Anna und Daniel.
7 Karin ist die .... von Anna und Daniel.
8 Oliver ist der .... von Anna und Daniel.
9 Karin ist die .... von Olga.
10 Olga, Otto und Peter sind die .... von Karl und Emma.
11 Karl ist der .... von Anna und Daniel.
12 Emma ist die .... von Anna und Daniel.

3 Complète l'arbre généalogique de la famille Bendt.

Erika Bendt ist die Tochter von Maria und Herbert Bendt.
Bruno ist Erikas Bruder.
Erika ist mit Jürgen verheiratet.
Erika hat zwei Töchter, Anja und Antje.
Brunos Frau ist Elke.
Bruno hat zwei Söhne, Stefan und Franz.

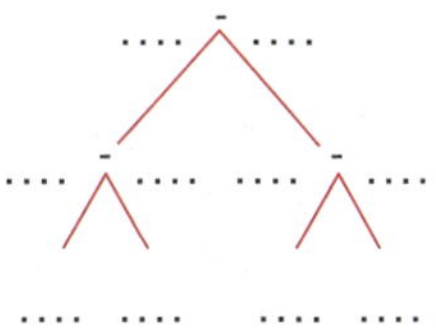

Quel est le lien de parenté entre :

Stefan und Franz? ....
Anja und Antje? ....
Stefan/Franz und Anja/Antje? ....
Erika und Stefan/Franz? ....
Erika und Bruno? ....
Bruno und Maria/Herbert Bendt ....

WORTSCHATZ

■ Der Stammbaum : *l'arbre généalogique*

die Familie(n)	*la famille*
die Großeltern	*les grands-parents*
der Großvater(¨) / der Opa	*le grand-père*
die Großmutter(¨) / die Oma	*la grand-mère*
die Eltern	*les parents*
der Vater(¨) / Vati, Papi	*le père*
die Mutter(¨) / Mutti, Mami	*la mère*

➲ ATTENTION : *le parent (qn de la famille)* = der Verwandte, ein Verwandter / die Verwandte, eine Verwandte; *la parenté* = die Verwandtschaft.

das Kind(er)	*l'enfant*
Kinder erziehen	*élever des enfants*
der Sohn(¨e)	*le fils*
die Tochter(¨)	*la fille*
die Geschwister	*les frères et sœurs*
der Bruder(¨)	*le frère*
die Schwester(n)	*la sœur*
die Zwillinge	*les jumeaux*
die Enkelkinder	*les petits-enfants*
der Enkel(-)	*le petit-fils*
die Enkelin(nen)	*la petite-fille*
die Tante(n)	*la tante*
der Onkel(-)	*l'oncle*
der Neffe(n)	*le neveu*
der Vetter(n) / der Cousin(s)	*le cousin*
die Nichte(n) / die Kusine(n)	*la nièce / la cousine*

■ Die Taufe(n) : *le baptême*

der Pate(n, n) / die Patin(nen)	*le parrain/la marraine*
das Patenkind(er)	*le filleul/la filleule*
taufen	*baptiser*
das Sakrament(-e)	*le sacrement*
segnen	*bénir*
der Segen	*la bénédiction*

■ Die Ehe(n) : *le mariage (ménage)*

die Ehefrau(en)/die Gattin(nen)	*l'épouse*
der Ehemann(¨er) / der Gatte(n, n)	*l'époux*
das Ehepaar(e)	*le couple*

Die Eltern und die Großeltern bilden jeweils ein Ehepaar.

in erster Ehe	*en premières noces*
die Kinder aus erster Ehe	*les enfants d'un premier mariage*
die Heirat(en)	*le mariage (l'acte)*
jn heiraten	*se marier avec qn*
verheiratet sein	*être marié*
eine Ehe schließen	*contracter mariage*
die Hochzeit(en)	*la noce*
die Ehe(n)	*le mariage (état)*
die wilde Ehe	*l'union libre*
sich scheiden lassen	*divorcer*
die Scheidung	*le divorce*
sich trennen	*se séparer*
getrennt sein	*être séparé*
die Trennung(en)	*la séparation*

La famille par alliance

On ajoute Schwieger *pour :*

die Schwiegereltern	*les beaux-parents*
der Schwiegervater	*le beau-père*
die Schwiegermutter	*la belle-mère*
der Schwiegersohn	*le gendre*
die Schwiegertochter	*la belle-fille*
der Schwager(¨)	*le beau-frère*
die Schwägerin(nen)	*la belle-sœur*

➔ ATTENTION :

der Schwiegervater = *le beau-père (père du mari ou de la femme)*
der Stiefvater = *le beau-père (mari en secondes noces de la mère)*
die Stiefmutter = *la belle-mère (deuxième épouse du père)*
der Halbbruder = *le demi-frère*
die Halbschwester = *la demi-sœur*

Expressions idiomatiques

Es ist nicht alle Tage Hochzeit.	*Ce n'est pas tous les jours fête.*
die Tochter unter die Haube bringen	*marier sa fille*
alles durch eine rosige Brille sehen	*voir tout en rose*
in glücklicher Ehe leben	*faire bon ménage*

8 Freunde / *Les amis*

1 Complète le dialogue avec les mots suivants.

mit Bekannter besuchen Freund dich
Nachbar eingeladen verstehst kennengelernt

M.: Otto, ist Thomas ein Schulfreund von dir?
Oder nur ein ....?

O.: Thomas wohnt ganz in der Nähe. Das ist unser ....
Ich habe ihn letzte Woche .... Er ist da zu Besuch, weil ich ihn gerade .... habe.

M.: Er ist also ein neuer .... von dir! Wie schön! Kennst du auch seine Eltern?

O.: Ja, sie sind aber zur Zeit in Urlaub. Vielleicht können wir sie nach ihrer Rückkehr einladen.

T.: Ich werde ihnen von Ihnen sprechen, Frau Schmidt!
Sie werden sich freuen, ihre Nachbarn besser zu kennen und vielleicht werden sie Sie zu uns einladen!

M.: Otto, ... du .... gut .... Thomas?
Biete ihm an, mit der ganzen Familie zu uns zu kommen!

T.: Danke, Frau Schmidt, das ist aber prima! Sie dürfen aber auch uns gerne ....

O.: Super! Hurra! Nächste Woche machen wir das!

T.: Moment, Otto, meine Eltern sind noch nicht da!

rappel

- **Les compléments de temps sont souvent à l'accusatif.**

Ich habe ihn letzte Woche kennengelernt.
Nächste Woche machen wir das!

- *Ne pas confondre* kennen (*connaître*) et können (*pouvoir, savoir*) :

Ich kenne dich.	*Je te connais.*
Ich kann schwimmen.	*Je sais nager.*

2 Retrouve les termes suivants dans la grille.

(der) Freund
(der) Besuch
kennen
besuchen
(der) Nachbar
einladen
verstehen

E	F	N	A	C	H	B	A	R
I	F	F	T	T	S	B	I	M
N	R	R	B	E	S	U	C	H
L	S	U	E	E	R	T	I	L
A	B	E	S	U	C	H	E	N
D	S	K	E	N	N	E	N	K
E	W	O	C	D	K	D	E	J
N	E	H	E	T	S	R	E	V
O	P	T	U	R	A	C	D	F

3 Relie les mots et leur traduction.

1 einladen
2 besuchen
3 der Freund
4 kennenlernen
5 der Nachbar

a l'ami
b le voisin
c inviter
d faire la connaissance de
e rendre visite

4 Vrai *(richtig)* ou faux *(falsch)* ?

1 Otto kennt Thomas seit langem. ....
2 Thomas lernt Ottos Familie kennen. ....
3 Ottos Mutter hatte schon Thomas gesehen. ....
4 Thomas Eltern sind zu Hause. ....
5 Ottos Mutter lädt Thomas' Eltern zu Hause ein. ....

5 Souligne l'intrus dans chaque ligne.

1	der Feind	kennenlernen	der Freund	kennen
2	sich gut verstehen	lieben	der Nachbar	gern haben
3	der Gast	besuchen	einladen	der Herr

6 Remets les phrases dans le bon ordre.

1 ihrer Rückkehr – einladen – sie – wir – können – nach – Vielleicht.
2 Er – dir – Freund – von – ein neuer – also – ist.
3 auch – gerne – dürfen – besuchen – uns – gerne – Sie – aber.
4 seine Eltern – du – Kennst – auch?
5 in der Nähe – wohnt – ganz – Thomas.

WORTSCHATZ

■ Liebe/Haß : *amour/haine*

die Freundschaft(en)	*l'amitié*
die Feindschaft(en)	*l'hostilité*
die Zuneigung(en) (zu)	*l'affection, la sympathie*
der Freund(e)	*l'ami*
der Feind(e)	*l'ennemi*
die Freundin(nen)	*l'amie*
der Kamerad(en, en)	*le camarade*
freundschaftlich	*amical*
feindlich	*inamical*

➲ ATTENTION : freundlich = *aimable.*

sich gut/schlecht verstehen	*bien/mal s'entendre*
lieben	*aimer*
hassen	*détester*
liebevoll	*affectueux*
haßerfüllt	*haineux*
die Liebe	*l'amour*
die Freude(n)	*la joie*
sich freuen	*se réjouir*
der Haß	*la haine*

➲ ATTENTION : häßlich = *hideux.*

verliebt sein	*être amoureux*
der Geliebte/ein Geliebter	*le bien-aimé*
die Geliebte/eine Geliebte	*la bien-aimée*
mögen	*aimer bien*
kontaktfreudig	*sociable*
der Bekannte/ein Bekannter	*la personne que l'on connaît*
kennen	*connaître*

➲ ATTENTION : *faire la connaissance de qn* = jn kennenlernen

Er **lernte** ihn in der Schule **kennen**.
Il a fait sa connaissance à l'école.

■ Der Besuch(e) : *la visite*

jn besuchen	*rendre visite à qn*
einen Besuch machen/ empfangen/bekommen/erwidern	*rendre visite/ recevoir une visite/rendre sa visite à qn*

➔ ATTENTION : *visiter qc* = etwas besichtigen

ein/laden(ä, u,a)	*inviter*
Er hat seinen Freund zu einer Party eingeladen.	*Il a invité son ami à une fête.*

die Einladung(en)	*l'invitation*
der Gast(¨e)	*l'invité, l'hôte*
der Hausherr(en)	*le maître de maison*
die Hausfrau(en)	*la maîtresse de maison*
der Nachbar(n, n)	*le voisin*
die Nachbarin(nen)	*la voisine*
die Nachbarschaft	*le voisinage*

Er wohnt das benachbarte Haus.	*Il habite la maison d'à côté.*
gute nachbarliche Beziehungen	*des rapports de bon voisinage*
ungebetener Gast	*intrus*
bei jm zu Gaste sein	*être l'hôte, l'invité de qn*

■ Expressions idiomatiques

Alte Liebe rostet nicht.	*On revient toujours à ses premières amours.*
kein Freund von etwas sein	*ne pas aimer qc*
Liebe auf den ersten Blick	*le coup de foudre*
gegen Freund und Feind	*envers et contre tous*
den lieben langen Tag	*toute la sainte journée*
er hat sie lieb	*il l'aime*
wenn dir das Leben lieb ist	*si tu tiens à la vie*
du lieber Gott!	*mon Dieu !*
Seien Sie so lieb und helfen Sie mir!	*Ayez la bonté de m'aider !*

9 Mein Haus / *Ma maison*

1 Complète le dialogue avec les mots suivants.

umgezogen Wohnzimmer Badezimmer Küche Garage umgebaut Arbeitszimmer Eßzimmer Dachboden Toiletten Schlafzimmer Garten Stockwerke Treppe

O.: Thomas, komm, ich zeige dir mein Haus. Wir beginnen mit dem Besuch. Hier ist das ...., mit Kamin, das ...., links, die ...., rechts.

T.: Mensch, das ist aber groß! Wieviel ....?

O.: Zwei, plus Keller und .... Jetzt, die .... hinauf! Oben gibt es mein Zimmer, Olgas und Peters Zimmer, das .... meiner Eltern. Wir haben drei ...., eines für meine Eltern, eines für Olga und eines für Peter und mich. .... gibt es oben und unten.

T.: Hat dein Vater ein .... irgendwo?

O.: Ja, klar, oben!

T.: Und hast du eine ....?

O.: Ja, natürlich, eine Doppelgarage sogar. Wir haben nämlich zwei Wagen.

T.: War das Haus schon so groß, als ihr angekommen seid?

O.: Nein, seitdem wir .... sind, haben wir das Haus vergrößert und ....

T.: Deinen .... habe ich schon von zu Hause aus gesehen. Der ist auch groß!

rappel

▪ **Revoir les propositions subordonnées de temps introduites par**
als (*quand, une fois et une seule*) et seitdem (*depuis que*) :
War das Haus schon so groß, als ihr angekommen seid?
Seitdem wir umgezogen sind, haben wir das Haus umgebaut.

▪ *Attention à l'emploi de* nämlich *(en effet) ; il se place à l'intérieur de la proposition :*
Wir haben nämlich zwei Wagen.

- *Ne pas confondre :*

eins (*un*) : eins, zwei, drei...
et
ein (*un*) : ein Zimmer, zwei Zimmer.
Quand on remplace ein Zimmer *par un pronom, cela donne* : eines.

2 Réponds aux questions suivantes après avoir lu le dialogue de l'exercice 1.

1 Ist das Haus groß oder klein?

....

2 Gibt es einen Garten?

....

3 Wieviel Autos besitzen die Schmidts?

....

4 Gibt es genug Platz in der Garage?

....

5 Wieviel Stockwerke gibt es im Haus?

....

3 Nomme les pièces illustrées par les dessins.

1 .... **2** .... **3** ....

4 .... **5** .... **6** ....

7 ....

8 ....

9 ....

10 ....

11 ....

12 ....

4 À quel endroit ?

1 Wo nimmt man ein Bad?
2 Wo schlafen wir?
3 Wo befinden sich die Wagen?
4 Wo bereitet man die Speisen auf?
5 Wo bewahrt man die Lebensmittel?

a In der Küche.
b In der Garage.
c Im Badezimmer.
d Im Schlafzimmer.
e Im Keller.

5 Classe les objets selon l'endroit où on peut les trouver.

der Fernsehapparat – das Bett – die Badewanne – die Spülmaschine
der Stuhl – das Handtuch – das Spülbecken – der Schrank
der Nachttisch – der Tisch – der Teppich – der Spiegel
der Wasserhahn – das Waschbecken – der Kühlschrank

1 das Schlafzimmer	**2** das Badezimmer	**3** die Küche
....	....	....
....	....	....
....	....	....
....	....	....
....	....	....

6 Retrouve les noms des objets numérotés sur le dessin.

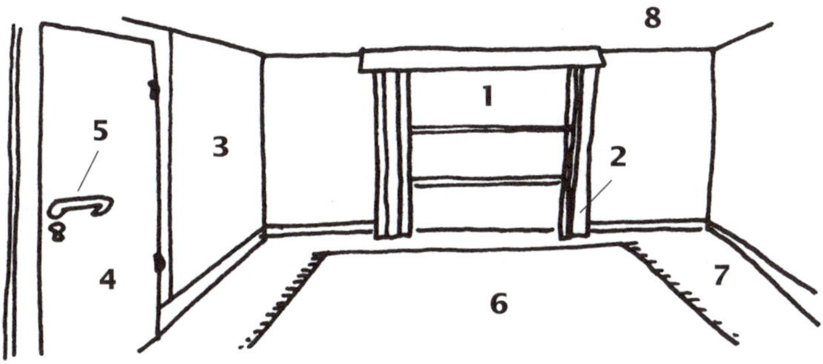

1 ....
2 ....
3 ....
4 ....
5 ....
6 ....
7 ....
8 ....

7 Vrai *(richtig)* ou faux *(falsch)* ?

1 Man parkt in der Garage. ....
2 Man wäscht sich im Eßzimmer. ....
3 Man badet in der Küche. ....
4 Man kocht im Badezimmer ....
5 Man ißt im Eßzimmer. ....

8 Reconstitue les mots et donne leur genre.

-boden	Haus-
-zimmer	Stock-
-werke	Schorn-
-meister	Ein-
-stein	Dach-
-stuhl	Hoch-
-haus	Schlaf-
-tritt	Fahr-

WORTSCHATZ

Wohnen : *habiter*

die Wohnung(en)	*l'appartement, l'habitation, le logement*
die 2/3/4-Zimmer-Wohnung	
das Hochhaus (-̈er)	*l'immeuble*
das Einzelhaus (-̈er)	*la maison*
der Fahrstuhl(-̈e)	*l'ascenseur*
der Hausmeister(-)	*le gardien*
der Stock(werke)	*l'étage*
die Tür(en)	*la porte*
an der Tür klingeln	*sonner à la porte*
an die Tür klopfen	*frapper à la porte*
die Klinke(n)	*la poignée*
das Fenster(-)	*la fenêtre*
das Tor(e)	*le portail*
der Eintritt(e)	*l'entrée*
der Keller	*le cellier*
die Treppe(n)	*l'escalier*
der Gang(-̈e)	*le couloir*
das Dach(-̈er)	*le toit*
der Dachboden(-̈)	*le grenier*
die Garage(n)	*le garage*
der Schornstein(e)	*la cheminée extérieure*
der Kamin(e)	*la cheminée intérieure*
der Fußboden(-̈)	*le plancher*
die Decke(n)	*le plafond*
die Wand(-̈e)	*le mur (intérieur)*

ein/ziehen (o, o + sein)	*emménager*
aus/ziehen (o, o + sein)	*déménager*
um/ziehen (o, o + sein)	*changer de logement*
besitzen (a, e)	*posséder*
mieten	*louer*
vermieten	*donner en location*
der Besitz(e)	*la possession*
der Besitzer(-)	*le propriétaire*
die Miete(n)	*le loyer*
der Mieter(-)	*le locataire*
der Vermieter(-)	*le loueur*

Das Zimmer : *la pièce*

das Wohnzimmer(-)	*le salon*
das Eßzimmer(-)	*la salle à manger*

das Schlafzimmer(-)	*la chambre (à coucher)*
das Badezimmer(-)	*la salle de bains*
die Toilette(n) / das Klo(s) (*fam.*) / das WC(s)	*les toilettes*
die Küche(n)	*la cuisine*

Das Möbelstück (die Möbel) : *le mobilier*

das Sofa(s)	*le sofa*
der Sessel(s)	*le fauteuil*
der Lehnstuhl	*le siège*
der Teppich(e)	*le tapis*
der Fernsehapparat(e), der Fernseher(-)	*la télévision*
der Tisch(e)	*la table*
der Stuhl(¨e)	*la chaise*
die Kommode(n)	*la commode*
der Backofen(¨)	*le four*
die Mikrowelle(n)	*le four à micro-ondes*
die Spülmaschine(n)	*le lave-vaisselle*
das Spülbecken(-)	*l'évier*
die Waschmaschine(n)	*le lave-linge*
die Badewanne(n)	*la baignoire*
der Wasserhahn(¨e)	*le robinet*
den Hahn auf/drehen	*ouvrir le robinet*
den Hahn zu/machen	*fermer le robinet*
das Waschbecken(-)	*le lavabo*
der Spiegel(-)	*le miroir*
das Handtuch(¨er)	*la serviette de toilette*
das Bett(en)	*le lit*
der Nachttisch(e)	*la table de nuit*
der Vorhang(¨e)	*le rideau*
der Schrank(¨e)	*l'armoire*
sich zu Tischsetzen/zu Tisch gehen	*aller, se mettre à table, s'attabler*
den Tisch decken	*mettre la table, le couvert*
den Tisch ab/decken, ab/raümen	*desservir, débarrasser la table*

Expressions idiomatiques

rauchen wie ein Schlot	*fumer comme un pompier*
unter den Tisch fallen	*passer inaperçu, être oublié*
reinen Tisch machen	*faire table rase*
Auf ihn kann man Häuser bauen.	*On peut compter sur lui.*

10 Blumen und Bäume / *Les fleurs et les arbres*

1 Complète le dialogue avec les mots suivants.

verwelkt reif Gärtner Obstbäume
Blüte Flieder Gras Blumen
Rosen Nelken ausgeblüht duften

T.: Mit einem so großen Garten müssen deine Eltern einen .... haben!

O.: Nein, wir sind die Gärtner. Pflanzen, ... und Bäume haben wir in Hülle und Fülle. Und wenn alles in .... steht, riecht der Garten so gut!

T.: Was für .... hast du?

O.: Apfelbäume, Kirschbäume und Pflaumenbäume.

T.: Das schmeckt aber gut, Äpfel, Kirschen und Pflaumen!

O.: Warte mal, die sind noch nicht ....! Du kannst sie aber nicht essen!

T.: Ja, ja, ich warte schon. Im .... sehe ich Veilchen und .... Die .... schön.

O.: Du kennst dich darin gut aus! Willst du unser Gärtner sein?

T.: Nein, danke.

O.: Das war bloß ein Spaß! Leider ist der .... jetzt .... Die Tulpen sind schon lange ....

rappel

Wenn *introduit soit une proposition subordonnée de condition, soit, comme ici, une proposition subordonnée de temps : « quand », « à chaque fois ». Attention à ne pas le confondre dans cet emploi avec* als *(« quand », fois unique).*

2 Souligne l'intrus dans chaque groupe.

1	2	3
der Garten	die Tulpe	der Orangenbaum
das Haus	die Rose	der Zitronenbaum
der Gärtner	das Veilchen	der Flieder
pflanzen	der Stamm	der Kirschbaum

3 Remets les lettres dans l'ordre.

1 BMULE ....
2 FLNZEPA ....
3 NGTREA ....
4 ESRO ....
5 LBUA ....

4 Écris le nom de chaque partie de l'arbre.

1 ....
2 ....
3 ....
4 ....

5 Choisis la bonne traduction des termes suivants.

1 die Mohnblume
a l'œillet ☐ **b** le géranium ☐ **c** la rose ☐ **d** le coquelicot ☐

2 der Stamm
a la feuille ☐ **b** la tige ☐ **c** le tronc ☐ **d** l'arbre ☐

3 ausblühen
a faner ☐ **b** fleurir ☐ **c** cueillir ☐ **d** embaumer ☐

4 pflücken
a planter ☐ **b** jardiner ☐ **c** faner ☐ **d** cueillir ☐

WORTSCHATZ

die Pflanzenwelt	*la flore*
die Pflanze(n)	*la plante*
pflanzen	*planter*
wachsen(ä, u, a)	*croître*
der Garten(¨)	*le jardin*
der Gärtner(-)	*le jardinier*
das Gras(¨er)	*l'herbe*
der Rasen(-)	*le gazon*
die Erde(n)	*la terre*
der Boden(¨)	*le sol*

■ Die Blume(n) : *la fleur*

das Unkraut	*les mauvaises herbes*
der Stengel(-)	*la tige*
das Blatt(¨er)	*la feuille*
der (Blumen)Strauß(¨e)	*le bouquet*
einen Blumenstrauß pflücken	*cueillir un bouquet de fleurs*
der Flieder(-)	*le lilas*
die Geranie(n)	*le géranium*
die Mohnblume(n)	*le coquelicot*
die Nelke(n)	*l'œillet*
die Rose(n)	*la rose*
die Tulpe(n)	*la tulipe*
das Veilchen(-)	*la violette*
blühen	*fleurir*
≠ ausblühen / verblühen, verwelken	*faner*
duften, riechen (o, o)	*embaumer, sentir bon*
der Duft(e)	*le parfum*

■ Der Baum(¨e) : *l'arbre*

der Zweig(e)	*la branche*
das Blatt(¨er)	*la feuille*
das Laub	*le feuillage, les feuilles*
der Stamm(¨e)	*le tronc*
die Wurzel(n)	*la racine*
die Knospe(n)	*le bourgeon*
die Blüte(n)	*la fleur*
in Blüte stehen (stand, gestanden)	*être en fleur*

Les noms d'arbres fruitiers sont formés en plaçant le nom de fruit en première position, puis le terme générique -baum (der Baum(¨e) : *l'arbre*) :

das Obst	*les fruits*	der Obst-	baum
der Apfel (¨)	*la pomme*	der Apfel-	
die Aprikose(n)	*l'abricot*	der Aprikosen-	
die Birne(n)	*la poire*	der Birn-	
die Kirsche(n)	*la cerise*	der Kirsch-	
die Nuß(¨sse)	*la noix*	der Nuß-	
die Orange(n)	*l'orange*	der Orangen-	
die Pflaume(n)	*la prune*	der Pflaumen-	
die Zitrone(n)	*le citron*	der Zitronen-	

mit Gras bewachsen	*couvert d'herbe*
von Gras überwuchert	*envahi par les mauvaises herbes*
Das Gras wachsen hören	*se croire le plus fin*
Den Boden unter den Füßen verlieren	*perdre pied*
Grund und Boden	*les terres, les biens*
Der Boden des Meeres	*le fond de la mer*
auf der ganzen Erde	*par toute la terre*
auf Erden	*sur terre*
auf die Erde fallen	*tomber par/à terre*

■ Expressions idiomatiques

in den saueren Apfel beißen	*avaler la pilule/faire qc malgré soi*
Der Apfel fällt nicht vom Stamm.	*Tel père tel fils.*
keine Rosen ohne Dornen	*pas de fumée sans feu*
jm ein Dorn im Auge sein	*ne pas pouvoir être senti par qn*
Er ist auf keinen grünen Zweig gekommen.	*Il n'a pas réussi/il n'a pas fait fortune.*
etwas durch die Blume sagen	*dire qc à mots couverts*
jn unter Erde bringen	*mettre qn en terre*
Himmel und Erde in Bewegung setzen	*remuer ciel et terre*

11 Vögel / *Les oiseaux*

1 Complète le dialogue avec les mots suivants.

singen *Haustiere* *Vögel* *Elstern*
Kuckuck *Futter* *Nachtigall*

T.: Du kannst auf deinen Garten stolz sein!
O.: Und wie! Das ganze Jahr hindurch kann ich .... singen hören: den ...., den Uhu und die ....
T.: Ich träume davon, eine Nachtigall .... zu hören!
O.: Dann lade ich dich dazu ein.
T.: Bist du verrückt! Mitten in der Nacht? In deinem Garten?
O.: Ja, klar. Am Tag kannst du auch zu mir kommen, die Nachtigall wirst du aber nicht singen hören. Jedoch siehst du dann Amseln, ..., Meisen und Raben vor allem. Die suchen .... Jederzeit.
T.: Danke, mache ich. Im Sommer. Hast du ...., einen Hund oder eine Katze? Katzen sieht man in jedem Garten hier.
O.: Ja. Meine Katze heißt Mieze. Nachts hört sie auch gern die Nachtigall bei vollem Mond singen, wenn die Luft draußen warm ist.
T.: Was für ein Dichter bist du!

rappel

- *entendre + chanter (verbe à l'infinitif) se construit en allemand avec la suite à l'infinitif :* singen (*chanter/verbe à l'infinitif*) hören (*entendre*).

- *La suite des deux infinitifs ainsi créée peut dépendre d'un verbe de modalité conjugué :*
  Das ganze Jahr hindurch kann ich Vögel singen hören.

- *Ne pas confondre cette construction avec :*
  Ich träume davon, eine Nachtigall singen zu hören.

- *Attention :*
  le jour am Tag ≠ *la nuit* nachts
  au milieu de la nuit mitten in der Nacht

2 Trouve l'intrus.

1	2	3	4
fliehen	die Katze	fahren	das Nest
fliegen	die Amsel	fliegen	das Ei
der Flug	die Meise	gehen	der Vogel
das Flugzeug	die Elster	nisten	halten
1	2	3	4 ....

3 Complète les noms d'oiseaux suivants.

1 der K...c...u...
2 der U...
3 die L...rc...e
4 der ...dl...r
5 der P...g...n

4 Retrouve neuf noms d'oiseaux dans la grille. (Ils peuvent aussi se lire de droite à gauche.)

N	I	S	T	R	C	L	M	N	O
A	F	T	R	T	A	U	B	E	F
C	S	I	P	A	P	A	G	E	I
H	H	C	R	O	T	S	I	A	G
T	A	M	H	D	B	C	G	A	R
I	O	Ö	E	W	R	A	H	L	E
G	P	W	S	P	A	T	Z	P	B
A	Q	E	I	F	B	N	N	O	A
L	S	S	J	A	E	O	N	U	R
L	Q	K	L	U	S	O	P	T	T

1 ....
2 ....
3 ....
4 ....
5 ....
6 ....
7 ....
8 ....
9 ....

5 Quelle est la bonne traduction ?

1 der Rabe
a le moineau ☐ **b** le corbeau ☐ **c** le cygne ☐

2 der Uhu
a l'hirondelle ☐ **b** le coucou ☐ **c** le hibou ☐

3 der Adler
a le vautour ☐ **b** le hibou ☐ **c** l'aigle ☐

4 die Schwalbe
a la mouette ☐ **b** le paon ☐ **c** l'hirondelle ☐

6 Nomme les parties du corps de l'oiseau.

1 ....
2 ....
3 ....
4 ....

7 Relie le nom de l'oiseau aux couleurs le caractérisant.

die Elster	schwarz
der Schwan	bunt
der Pinguin	blau
der Papagei	weiß
der Pfau	grün
der Storch	gelb
die Möwe	rot
der Rabe	grau

WORTSCHATZ

■ Der Vogel(¨) : *l'oiseau*

das Nest(er)	*le nid*	der Flug(¨e)	*le vol*
nisten	*nicher*	hüpfen	*sautiller*
das Ei(er)	*l'œuf*	die Feder(n)	*la plume*
fliegen (o, o + sein)	*voler*	der Flügel(-)	*l'aile*
ein Vogel fliegt		der Schnabel(-)	*le bec*

Les différentes sortes d'oiseaux

der Uhu(s)	*le hibou*	die Schwalbe(n)	*l'hirondelle*
die Eule(n)	*la chouette*	die Elster(n)	*la pie*
der Adler(-)	*l'aigle*	die Nachtigall(en)	*le rossignol*
der Kuckuck(e)	*le coucou*	der Papagei(en)	*le perroquet*
die Lerche(n)	*l'alouette*	der Pfau(en)	*le paon*
die Meise(n)	*la mésange*	der Storch(¨e)	*la cigogne*
der Rabe(n, n)	*le corbeau*	die Möwe(n)	*la mouette*
der Spatz(en, en)	*le moineau*	der Schwan(¨e)	*le cygne*
die Taube(n)	*le pigeon*	der Pinguin(e)	*le pingouin*

Die Nachtigall singt Lieder.	*Le rossignol chante des airs.*
Die Katze fängt den Vogel.	*Le chat attrape l'oiseau.*
Die Taube gurrt.	*Le pigeon roucoule.*
Der Kuckuck ruft aus dem Wald.	*Le coucou appelle dans les bois.*
die Brieftaube(n)	*le pigeon voyageur*
Die Raben krächzen.	*Les corbeaux croassent.*
sich wie ein Pfau brüsten	*se pavaner, faire la roue*
ein zahmer Vogel	*un oiseau apprivoisé*

■ Expressions idiomatiques

sehr geschwätzig	*bavard comme une pie*
gedankenlos nachplappern	*parler comme un perroquet*
ein seltener Vogel	*un oiseau rare, un homme étrange*
Er hat einen Vogel.	*Il est un peu fou/il a une araignée au plafond.*
rabenschwarz	*noir comme un corbeau/ comme jais*
wie im Fluge	*en un éclair*
die Flügel hängen lassen	*baisser les bras*
wie ein Rabe stehlen	*être voleur comme une pie*
quietschvergnügt	*gai comme un pinson*

12 Farben / *Les couleurs*

1 Complète le dialogue avec les mots suivants.

gelb Ton blauen weiße
paßt dunkel grelle Farben

K.: Uschi, zieh dich an! Zieh deinen .... Rock an!
U.: Ja, gerne, den hellblauen oder den .... blauen?
K.: Wie du willst. Was für eine Bluse hast du?
U.: Eine .... Sie .... zum hellblauen oder zum dunkelblauen Rock, das ist egal!
K.: Vergiß nicht deine Söckchen! Hast du blaue oder weiße?
U.: Beides. Ich ziehe auch meine blaue Jacke an, denn es ist heute kalt. Dann ist alles .... in Ton! Aber du, was hast du für .... an? Grün und ....!
K.: Na und? .... Farben mag ich!
U.: Das kann man sagen!

2 Donne les noms des couleurs de l'arc-en-ciel.

1 ....
2 ....
3 ....
4 ....
5 ....
6 ....
7 ....

3 Rétablis le nom de chaque couleur.

1 TRO ....
2 BEGL ....
3 RNÜG ....
4 AUBL ....
5 ßEWI ....
6 ZSCWHRA ....

4 Sépare le serpent en morceaux pour trouver treize noms de couleurs.

gelbrosablaurotbeigebraungrauweißschwarzgrünorangelilaviolett

WORTSCHATZ

Die Farbe(n) : *la couleur*

farbig	*coloré, en couleurs*	
färben	*colorer*	
sich verfärben	*se colorer*	
verfärben	*déteindre*	
der Regenbogen(¨)	*l'arc-en-ciel*	
rosa	*rose*	ein rosa Rock/ ein rosafarbener Rock
rot	*rouge*	ein roter Rock
gelb	*jaune*	ein gelber Rock
grün	*vert*	ein grüner Rock
blau	*bleu*	ein blauer Rock
braun	*marron*	ein brauner Rock
schwarz	*noir*	ein schwarzer Rock
weiß	*blanc*	ein weißer Rock
orange	*orange*	ein orange Rock/ ein orangefarbener Rock
violett	*violet*	ein violetter Rock
beige	*beige*	ein beige Rock/ ein beigefarbener Rock
grau	*gris*	ein grauer Rock
lila	*lilas*	ein lila Rock/ ein lilafarbener Rock
indigo	*indigo*	
hell/dunkel	*clair/foncé*	
dunkelblau	*bleu foncé*	
hellgrün	*vert pâle/clair*	
bunt	*multicolore*	
Das Chamäleon ist bunt.		
der Ton(¨e)	*le ton*	
Ton in Ton	*ton sur ton*	
passen zu + datif	*aller avec (couleur)*	

Expressions idiomatiques

es zu bunt treiben	*aller trop loin*
bekannt sein wie ein bunter Hund	*être connu comme le loup blanc*
sich schwarz ärgern	*crever de dépit*
sich grün und gelb ärgern	*pâlir de colère*
ins Blaue hineinschwatzen	*parler en l'air*
schwarz auf weiß geschrieben	*écrit noir sur blanc*
alles schwarz sehen	*voir tout en noir*

13 Wie spät ist es? / *Quelle heure est-il ?*

1 Complète le dialogue avec les mots suivants.

um *schnell* *spät*
halb *Zeit* *sofort*

M.: Katrin, Katrin, wach doch auf!
K.: Mm, Mm!
M.: Katrin, steh auf!
K.: Ja, ja.... Was ist los?
M.: Katrin, gehst du heute zur Schule?
K.: Ja, klar.
M.: Dann ...., Katrin! Dein Frühstück ist fertig!
K.: Danke, Mutti. Wie spät ist es?
M.: Es ist .... acht!
K.: Mensch, das ist aber ....! Kein Frühstück.
Ich habe nur die ...., mich sehr schnell anzuziehen
und .... in die Schule zu gehen!
M.: Warum?
K.: Mutti, du weißt es doch, die Schule beginnt ....
acht. Ich brauche nur fünf Minuten zu Fuß.
M.: Also schnell, Katrin!

rappel

- *Le contraire de* spät (*tard*) *est* früh (tôt), *que l'on retrouve dans :*

das Frühstück *le petit déjeuner*

- *Revoir la place des mots dans les phrases impératives et interrogatives.*
  Katrin, wach doch auf!
  Katrin, gehst du heute zur Schule?

- *Revoir les infinitifs compléments introduits par* zu.
  Ich habe nur die Zeit, mich sehr schnell anzuziehen und sofort in die Schule zu gehen!

2 Indique l'heure qu'il est sur les montres.

1 .... **2** .... **3** .... **4** ....

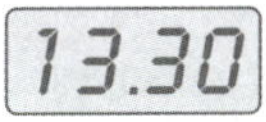

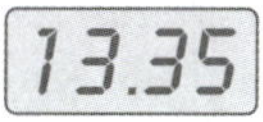

5 .... **6** .... **7** .... **8** ....

3 Dessine les pendules d'après les heures indiquées.

1 Es ist Viertel nach neun.
2 Es ist Viertel vor zehn.
3 Es ist drei Uhr.
4 Es ist halb vier.
5 Es ist Mitternacht.

4 Fais correspondre les heures et les activités.

1 Um sieben Uhr
2 Um halb sieben
3 Um Mittag
4 Um drei Uhr nachmittags
5 Um sieben Uhr nachmittags

a esse ich.
b gehe ich zur Schule.
c stehe ich auf.
d gehe ich aus.
e treibe ich Sport.

5 Retrouve la traduction.

1 le matin
2 la nuit
3 le jour
4 l'après-midi
5 le soir

a die Nacht
b der Tag
c der Morgen
d der Abend
e der Nachmittag

WORTSCHATZ

Die Uhr, die Uhrzeit : *l'heure (qu'il est)*

Wie spät ist es? Wieviel Uhr ist es? *Quelle heure est-il?*

spät	*tard* ≠	früh	*tôt*
die Verspätung(en)	*le retard*		
Er hat Verspätung.	*Il a du retard.*		
die Stunde(n)	*l'heure (durée)*		
die Minute(n)	*la minute*		
die Sekunde(n)	*la seconde*		

➲ ATTENTION *à la différence entre* die Uhr (*l'heure qu'il est*) et die Stunde (*l'heure-durée*) :

– Um wieviel Uhr kommst du? – Um drei (Uhr). / Gegen ein Uhr / eins.
– *À quelle heure viens-tu? – À trois heures. / Aux environs d'une heure.*
– Wie lange bleibst du? – Eine Stunde.
– *Combien de temps restes-tu? – Une heure.*

Pour exprimer les heures

4 h 30	Es ist halb fünf. (*On prend la moitié de l'heure qui vient.*)
2 h	Es ist zwei Uhr.
	Es ist Punkt zwei. *Il est deux heures pile.*
1 h	Es ist ein Uhr.

➲ ATTENTION *Ici on a* ein *et non* eins !

1 h 45	es ist Viertel vor zwei	das Viertel	*le quart*
2 h 15	es ist Viertel nach zwei		

Vor *s'oppose à* nach : *il sert à marquer ce qui est avant, alors que* nach *marque ce qui est après. On le voit pour l'expression du quart d'heure ou dans des mots comme* Vormittag *(= avant midi)* *et* Nachmittag *(= après midi).*

Pour montrer la différence entre le matin et l'après-midi, donc entre 2 h du matin et 14 h, on peut ajouter :

Es ist zwei Uhr morgens.	*Il est 2 h du matin.*
Es ist zwei Uhr nachmittags.	*Il est 2 h de l'après-midi.*

On peut aussi dire :

Es ist vierzehn Uhr.	*Il est quatorze heures.*
Es ist vierzehn Uhr dreißig.	*Il est quatorze heures trente.*
Es ist vierzehn Uhr vierzig.	*Il est quatorze heures quarante.*

Die Uhr(en) : *la montre, la pendule*

die Turmuhr	*l'horloge*
die Wanduhr	*la pendule*
die Armbanduhr	*la montre*
Meine Uhr geht vor.	*Ma montre avance.*
Meine Uhr geht nach.	*Ma montre retarde.*
Meine Uhr steht.	*Ma montre est arrêtée.*

Les moments de la journée

der Morgen, der Vormittag(e)	*le matin*
der Nachmittag(e)	*l'après-midi*
der Abend(e)	*le soir*
die Nacht(¨e)	*la nuit*
heute morgen/vormittag	*ce matin*
heute nachmittag	*cet après-midi*
heute abend	*ce soir*

Mittag	*midi*	Mittag	= mitten im Tag
Mitternacht	*minuit*	Mitternacht	= mitten in der Nacht

Die Zeit : *le temps*

morgen	*demain*
gestern	*hier*
heute	*aujourd'hui*
übermorgen	*après-demain*
die Uhr schlägt	*l'horloge sonne*
die Zeit vergeht	*le temps passe*
die Zeit verbringen, vertreiben	*passer le temps*
der Zahn der Zeit	*les outrages, ravages du temps*
vor einiger Zeit	*il y a quelque temps*
vor kurzer Zeit	*il y a quelque temps*
in kurzer Zeit	*en peu de temps*
alles zu seiner Zeit	*chaque chose en son temps*
zu jeder Zeit	*à toute heure*
um welche Zeit?	*à quelle heure ?*
Morgen um dieselbe Zeit	*demain, à la même heure*

Expressions idiomatiques

rund um die Uhr	*vingt-quatre heures sur vingt-quatre*
eine innere Uhr haben	*avoir une horloge interne*
nach der Uhr sehen	*regarder l'heure, consulter sa montre*
nach der Uhr sein	*être ponctuel*
Seine Uhr ist abgelaufen.	*Son heure est venue, il va mourir.*

14 Feiertage / *Les jours fériés*

1 Complète le dialogue avec les mots suivants.

Ostereier   *Osterhase*   *Palmsonntag*
Sonntag   *Ostern*

K.: Mutti, keine Angst. Ich habe mich geirrt.
Heute ist ....! Dann bleibe ich im Bett liegen!
M.: Oh ja, das stimmt! Verzeihung, Katrin!
K.: Mutti, jetzt bin ich total wach. Nächsten Sonntag ist ....
M.: Dann kommt der ....!
K.: Mutti, du weißt es doch, es gibt keinen Osterhasen!
M.: Doch, er bringt .... mit.
K.: Mutti, du bringst Ostereier mit und versteckst sie im Garten.
M.: Du hast recht, Katrin, sag aber nichts! Das ist ein Geheimnis!
K.: Ich bleibe stumm.
M.: Heute ist also ....!

rappel

▪ *dimanche dernier*	letzten Sonntag
dimanche prochain	nächsten Sonntag
▪ *à Noël*	Zu Weihnachten
à Pâques	Zu Ostern
au Nouvel An	Zu Neujahr

Attention à la préposition zu *et au fait que* Weihnachten *et* Ostern *sont des noms pluriels.*

On dit :

Joyeux Noël !	Fröhliche Weihnachten!
Joyeuses Pâques !	Fröhliche Ostern!

Mais :

Noël tombe un dimanche.	Weihnachten fällt auf einen Sonntag.

2 De quel mois s'agit-il ?

1 JNRUAA ....
2 INJU ....
3 RDZBEEME ....
4 STGUAU ....
5 KBOTROE ....
6 ÄZMR ....
7 TBMESREPE ....
8 LJIU ....
9 PALIR ....
10 BFRUERA ....
11 ENRMBOEV ....

Quel mois manque dans cette liste ? ....

3 Souligne l'intrus.

1 Januar	**2** April	**3** Dezember	**4** Juni
Mai	Mai	November	Juli
März	März	Oktober	September
Februar	Juni	September	August

4 Retrouve la bonne traduction.

1 le siècle	**a** die Woche
2 le millénaire	**b** das Jahr
3 la décennie	**c** das Jahrtausend
4 l'année	**d** der Monat
5 le mois	**e** das Jahrhundert
6 la semaine	**f** das Jahrzehnt

5 Découpe le serpent et remets les majuscules si besoin est.

montagdienstagmittwochdonnerstagfreitagsamstagsonntagjanuarfebruarmärzaprilmaijunijuliaugustseptemberoktobernovemberdezemberwinterfrühlingsommerherbst

Das Fest(e), die Feier(n) : *la fête*

der Feiertag(e)	*le jour férié*
der Arbeitstag(e)	*la journée de travail*
der Festtag(e)	*le jour de fête*
das Volksfest(e)	*la fête populaire*
der Kirchentag(e)	*la fête religieuse*
Weihnachten	*Noël*
der Weihnachtsmann	*le père Noël*
der Weihnachstbaum	
der Tannenbaum	*le sapin de Noël*
der Neujahrstag	*le Jour de l'an*
der Silvesterabend	*le réveillon du Jour de l'an*
Heilige drei Könige	*la fête des Rois*
der Karneval(e), der Fasching(e)	*le Carnaval*
der Rosenmontag	*la veille de Mardi gras*
der Aschermittwoch	*le mercredi des Cendres*
der Palmsonntag	*le dimanche des Rameaux*
die Karwoche	*la Semaine sainte*
der Karfreitag	*le Vendredi saint*
Ostern	*Pâques*
der Osterhase(n, n)	*le lapin de Pâques*
das Osterei(er)	*l'œuf de Pâques*
Pfingsten	*la Pentecôte*
Christi Himmelfahrt	*l'Ascension*
Allerheiligen	*la Toussaint*
der Muttertag	*la fête des Mères*
der Nationalfeiertag,	
das Nationalfest	*la fête nationale*

Feiern : *fêter*

ATTENTION :

feierlich → *solennel*	festlich → *de fête*
der Namenstag(e)	*la fête de quelqu'un*
der Jahrestag(e)	*la fête anniversaire*
der Geburtstag(e)	*l'anniversaire (de qn)*

der Monat(e)	*le mois*
monatlich	*mensuel*
das Jahr(e)	*l'année*
jährlich	*annuel*
eine Feier veranstalten	*organiser une fête*

das neue Jahr	*la nouvelle année*
jm ein gutes, frohes, segensreiches Jahr wünschen	*souhaiter à qn une bonne et heureuse année*
das bürgerliche Jahr	*l'année civile*
die siebziger Jahre	*les années 1970*
heute vor einem Jahr	*il y a un an aujourd'hui*

➔ ATTENTION *aux noms formés sur* das Jahr

das Jahrzehnt(e)		*la décennie*	
das Jahrhundert(e)		*le siècle*	
das Jahrtausend(e)		*le millénaire*	
im Jahre 2000		*en l'an 2000*	
nächstes Jahr	*l'année prochaine* ≠	letztes Jahr	*l'année dernière*
nächsten Monat	*le mois prochain* ≠	letzten Monat	*le mois dernier*

Die Jahreszeit(en) : *la saison*

der Winter	*l'hiver*	**der Frühling**	*le printemps*
Januar	*janvier*	April	*avril*
Februar	*février*	Mai	*mai*
März	*mars*	Juni	*juin*
der Sommer	*l'été*	**der Herbst**	*l'automne*
Juli	*juillet*	Oktober	*octobre*
August	*août*	November	*novembre*
September	*septembre*	Dezember	*décembre*

➔ ATTENTION :

im Winter	im Frühling	im Sommer	im Herbst
winterlich	*hivernal*	Frühlings-	*printanier*
sommerlich	*estival*	Herbst-, herbstlich	*automnal*

Expressions idiomatiques

seit Jahr und Tag	*depuis fort longtemps*
in den besten Jahren sein	*être dans la force de l'âge*
es wird Frühling	*on sent venir le printemps*

15 Geburtstagsfeier / *Fête d'anniversaire*

1 Complète le dialogue avec les mots suivants.

Geburtstagskuchen *eingeladen*
Geburtstag *Geburtstagskarten*

T: Morgen, Mutti
M.: Morgen, Thomas.
T: Heute ist kein normaler Tag. Heute ist mein ....
M.: So steh jetzt auf! Schnell! Nichts ist fertig!
T: Wo ist mein ....?
M.: Dein Geburtstagskuchen? Es gibt keinen!
T: Wie bitte? Es gibt keinen?
M.: Ja. Back ihn selbst!
T.: In Ordnung! Habe ich .... bekommen?
M.: Noch nicht. Es ist zu früh. Wieviel Freunde hast du ....?
T: Zwölf. Und ich bin heute zwölf!
M.: Also gut. Das Haus wird voll!

rappel

- *Pour questionner :*

sur le nombre : Wieviel Freunde hast du eingeladen?
sur l'âge : Wie alt bist du?
sur la date : Welchen Tag haben wir heute?
Den wievielten haben wir heute?

- *Ne pas confondre les adjectifs numéraux cardinaux :*
  Er ist drei.

et les adjectifs numéraux ordinaux :
  Heute ist der 3. (= dritte) Mai.

- *Attention à l'ordre des mots dans la phrase.*

- *Attention aux pronoms.*
  Es gibt keinen.

Keinen *représente* keinen Geburtstagskuchen, *il prend toutes les marques distinctives. Ici,* -en *indique que nous avons l'accusatif masculin singulier.*

2 Vrai (*richtig*) ou faux (*falsch*) ? Relis le dialogue de l'exercice 1.

	Richtig	Falsch
1 Thomas ist bald zwölf.	☐	☐
2 Thomas ist ein Junge.	☐	☐
3 Thomas hat zwanzig Freunde zu seinem Geburtstag eingeladen.	☐	☐
4 Thomas ist fast ein Mann.	☐	☐
5 Thomas Mutter ist eine Erwachsene.	☐	☐

3 Retrouve la bonne traduction et mets l'article qui convient.

1 .... Geschenk	**a** le gâteau
2 .... Kerze	**b** la fille
3 .... Kuchen	**c** le garçon
4 .... Baby	**d** le cadeau
5 .... Junge	**e** la bougie
6 .... Mädchen	**f** le bébé

4 Écris la date en toutes lettres.

Heute ist....

19 / 04 / 1997 ....

25 / 12 / 1998 ....

7 / 06 / 1999 ....

20 / 09 / 2000 ....

5 Relie les dates à l'événement fêté.

1 der 25. Dezember	**a** Allerheiligen
2 der 3. Mai	**b** Weihnachten
3 der 1. Januar	**c** Thomas Geburtstag
4 der 1. November	**d** der Tag der deutschen Einheit
5 der 3. Oktober 1990	**e** der Silvesterabend

6 Souligne l'intrus.

1	**2**	**3**	**4**
der Geburtstag	das Datum	das Kind	Januar
die Frau	das Alter	der Greis	die Jahreszeit
der Kuchen	der Kalender	der Sohn	der Winter
die Kerze	der Tag	das Mädchen	der Sommer

WORTSCHATZ

Der Geburtstag : *l'anniversaire*

jm (*datif*) zum Geburtstag gratulieren	
Ich gratuliere dir zum Geburtstag.	*Je te souhaite un joyeux anniversaire.*
wünschen	*souhaiter*
das Geburtstagslied(er)	*la chanson d'anniversaire*
«Zum Geburtstag viel Glück, Zum Geburtstag viel Glück, Zum Geburtstag, alles Gute Lieber Karl, viel Glück.»	
der Geburtstagskuchen / die Geburtstagstorte(n)	*le gâteau d'anniversaire*
die Kerze(n)	*la bougie*
blasen(ä, ie, a)	*souffler*
die Geburtstagsparty	*la fête d'anniversaire*
der Gast(¨e)	*l'invité*
zu etwas *(datif)* ein/laden (u, a)	*inviter (à)*
einen Freund zu seiner Geburtstagsparty einladen	*inviter un ami à son anniversaire*
die Einladung(en)	*l'invitation*
die Überraschung(en)	*la surprise*
das Geschenk(e)	*le cadeau*
ein Geschenk bekommen	*recevoir un cadeau*
schenken	*accorder, faire un cadeau*

Das Alter : *l'âge*

ein Mann von unbestimmtem Alter	*un homme d'un certain âge*
Er starb im Alter von 50 Jahren.	*Il mourut à l'âge de 50 ans.*
Karl ist am 3. Mai 1985 geboren.	*Karl est né le 3 mai 1985.*
Karl ist zwölf (Jahre alt).	*Karl a douze ans.*
Karl ist ein zwölfjähriges Kind.	*Karl est un enfant de douze ans.*
das Zeitalter	*l'époque*
im Zeitalter von...	*à l'époque de...*
das goldene Zeitalter	*l'âge d'or*
das Leben	*la vie*
das Baby(s)	*le bébé*
das Kind(er)	*l'enfant*
der Knabe(n, n)/der Bube(n, n)/ der Junge(n, n)	*le garçon*
das Mädchen(-)	*la fille*
der Jugendliche, ein Jugendlicher	*l'adolescent*

die Jugendliche, eine Jugendliche	*l'adolescente*
der Erwachsene, ein Erwachsener	*l'adulte (homme)*
die Erwachsene, eine Erwachsene	*l'adulte (femme)*
der Mann(¨er)	*l'homme*
alt werden	*vieillir*
ein alter Freund	*un ami de toujours*
jünger als seine Jahre sein	*ne pas paraître son âge*

➔ ATTENTION *l'homme, l'être humain* = der Mensch(en, en)

die Frau(en)	*la femme*
ein alter Mann	*un vieil homme*
eine ältere Frau	*une femme d'un certain âge*
der Greis(e)	*le vieillard*

■ Das Datum : *la date*

Das heutige Datum ist der 3. Mai.	*Nous sommes aujourd'hui le 3 mai.*
der Kalender(-)	*le calendrier*
das Vierteljahr	*le trimestre*
das Halbjahr	*le semestre*

■ Expressions idiomatiques

Alter schützt vor Torheit nicht.	*On fait des sottises à tout âge.*
Es bleibt alles beim alten.	*Rien ne change.*
der alte Geizkragen	*le vieil avare*
schon bei Jahren sein	*ne plus être jeune*
in der Blüte der Jahre sein	*être dans la force de l'âge*
vor seinen Jahren sterben	*mourir avant l'âge*
in die Jahre kommen	*prendre de l'âge*
von altem Schrot und Korn	*de vieille roche*
immer wieder das alte Lied anstimmen	*chanter toujours la même chanson*
nicht alt werden	*ne pas s'éterniser*
Wie die Alten sungen, so zwitschern auch die Jungen.	*Tel père tel fils.*

16 In der Schule / *À l'école*

1 Complète le dialogue avec les mots suivants.

paß ... auf   Schluß   schreibe   schnell
Zeit   Mathearbeit   jetzt

M.: Karl, ... mit dem Frühstück!
K.: Aber Mutti, ich habe meine Milch noch nicht getrunken!
M.: ...., es ist .... zu gehen!
K.: Mutti, ich habe mein Brot noch nicht gegessen!
M.: Du mußt aber .... zur Schule!
K.: Ja, ja. Heute schreibe ich in der ersten Stunde eine ....
M.: .... also ....!
K.: Kein Problem. Dann .... ich eine Geschichtsarbeit.
M.: Schön!
K.: Dann schreibe ich eine Deutscharbeit!
M.: Was für ein Tag! Ich drücke dir den Daumen!
K.: Danke, Mutti. Tschüss!

rappel

- *Revoir le parfait et sa formation*

Ich habe meine Milch noch nicht getrunken!
Ich habe mein Brot noch nicht gegessen!

- *Attention aux mots composés. L'allemand utilise beaucoup cette possibilité de créer de nouveaux mots à partir de mots accolés les uns aux autres et reliés ou non par une jonction particulière.*

Heute habe ich in der ersten Stunde eine Mathearbeit.
Dann habe ich eine Geschichtsarbeit.
Dann habe ich eine Deutscharbeit!

- *Retenir l'expression*

Ich drücke dir die/den Daumen.   *Je croise les doigts.*

2 Nomme les personnes et les objets numérotés.

1 ....

2 ....

3 ....

4 ....

5 ....

6 ....

7 ....

8 ....

3 Souligne l'intrus.

1 das Fach	**2** die Klasse	**3** der Schüler
die Klasse	der Lehrer	die Klasse
Englisch	der Morgen	die Schule
Geschichte	der Schüler	das Schulwesen

4 Nomme les objets posés sur cette table.

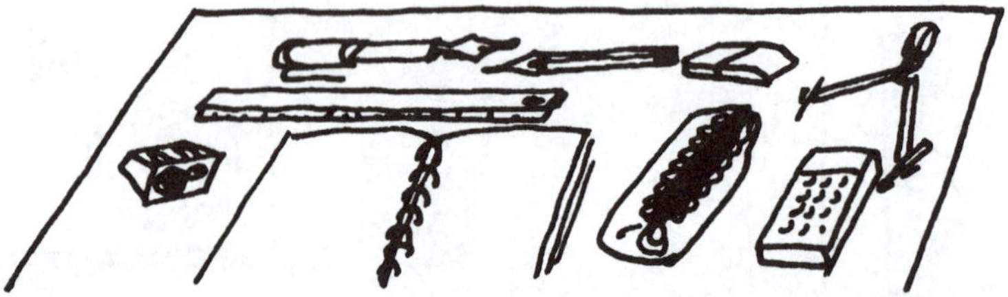

....

....

....

....

....

....

....

....

....

5 Complète les phrases avec les mots suivants.

eine Kreide *eine Schulmappe* *einen Kuli* *Bleistifte* *Pinsel*

1 Um zu zeichnen braucht ein Schüler ....
2 Um zu malen brauche ich ....
3 Um zu schreiben brauchen wir ....
4 Um in die Schule zu gehen, braucht ihr ....
5 Um an die Tafel zu schreiben, brauchen sie ....

6 Colorie de la même couleur les matières françaises et allemandes correspondantes.

	LUNDI	MARDI	MERCREDI	JEUDI	VENDREDI	SAMEDI	DIMANCHE
8 h 30 ▼ 9 h 30	Sport	Français		Musique	Maths	Sport	
9 h 30 ▼ 10 h 30	Français	Sciences		Histoire	Géographie	Français	
10 h 30 ▼ 11 h 30	Maths	Français		Sport	Maths	Maths	
13 h 30 ▼ 14 h 30	Histoire	Géographie		Français	Sport		
14 h 30 ▼ 15 h 30	Français	Maths		Sport	Dessin		
15 h 30 ▼ 16 h 30	Dessin	Musique		Histoire	Français		

	MONTAG	DIENSTAG	MITTWOCH	DONNERSTAG	FREITAG	SAMSTAG	SONNTAG
8 15 ▼ 9 00	Sport	Sachwissen-schaft	Mathematik	Deutsch	Deutsch		
9 00 ▼ 9 45	Deutsch	Sachwissen-schaft	Religion	Deutsch	Mathematik		
10 00 ▼ 10 45	Sport	Musik	Geschichte	Erdkunde	Zeichnen		
10 45 ▼ 11 30	Mathematik	Deutsch	Erdkunde	Geschichte	Zeichnen		
11 45 ▼ 12 30	Deutsch	Mathematik	Sport	Religion	Deutsch		
12 30 ▼ 13 15	Zeichnen	Sachunerrich					

WORTSCHATZ

■ Die Schule(n) : *l'école*

das Schulwesen	*l'enseignement*
der Schüler(-)	*l'écolier, l'élève*
die Schülerin(nen)	*l'élève (fille)*
der Lehrer(-)	*le professeur*
die Lehrerin(nen)	*le professeur (femme)*
der Direktor(en)	*le directeur*
die Stunde(n), der Unterricht(e)	*l'heure de cours*
lehren, unterrichten	*enseigner*
lernen	*apprendre*
die Klasse(n), das Klassenzimmer(-)	*la classe*
der Kindergarten(¨)	*le jardin d'enfants*
die Grundschule(n)	*l'école élémentaire*
die Hauptschule(n)	*l'école (de 10 à 16 ans)*
die Realschule(n)	*l'école (de 12 à 16 ans)*
das Gymnasium(en)	*le lycée (de 12 à 18 ans)*
in die Schule, zur Schule gehen, die Schule besuchen	*aller à l'école*
die Schule versäumen	*manquer l'école*
schulfrei haben	*ne pas avoir classe*
die Schule schwänzen	*« sécher » l'école, faire l'école buissonnière*
die Hausaufgabe(n)	*le travail à la maison*
die Klassenarbeit(en)	*le contrôle*
eine Klassenarbeit schreiben	*faire un contrôle*
die Strafarbeit(en)	*la punition (écrite)*
das Zeugnis(se)	*le bulletin*
die Note(n)	*la note*
sitzen/bleiben(ie, ie, ist) wierderholen	*redoubler*

➲ ATTENTION : wiederholen *signifie aussi réviser.*

versetzt werden	*passer dans la classe supérieure*
das Examen(s), die Prüfung(en)	*l'examen*
ab/schreiben (ie, ie)	*copier*
schriftlich	*écrit* ≠ mündlich *oral*
mogeln	*tricher*

■ Das Fach(¨er) : *la matière*

der Lehrplan(¨e)	*le programme*
der Stundenplan(¨e)	*l'emploi du temps*

die Mathematik(en)	*les mathématiques*
Deutsch/Französisch/Englisch	*l'allemand/le français/ l'anglais*
die Physik	*la physique*
die Biologie	*la biologie*
die Chemie	*la chimie*
die Naturwissenschaft(en)	*les sciences*
die Geschichte	*l'histoire*
die Erdkunde	*la géographie*
die Musik	*la musique*
das Zeichnen	*le dessin*
das Werken	*le travail manuel*
der Sport(unterricht)	*le sport*
die Pause(n)	*la récréation*
der (Schul)hof(¨e)	*la cour (de récréation)*
die Landkarte(n)	*la carte (géographique)*
das Pult(e)	*le pupitre*
die Kreide(n)	*la craie*
die Schulmappe(n)	*le cartable*
das Schulbuch, das Lehrbuch(¨er)	*le livre d'école, le manuel*
das Heft(e)	*le cahier*
das Ringbuch(¨er)	*le classeur*
das Blatt(¨er)	*la feuille*
das Federmäppchen(-)	*la trousse*
der Füller(-)	*le stylo*
der Kugelschreiber(-), der Kuli(s) *(fam.)*	*le stylo à bille*
der (Radier)gummi(s)	*la gomme*
der Filzstift(e)	*le feutre*
der Bleistift(e)	*le crayon*
der Anspitzer(-)	*le taille-crayon*
der Zirkel(-)	*le compas*
das Lineal(e)	*la règle*
der Taschenrechner	*la calculette*

■ Expressions idiomatiques

aus der Schule plaudern	*commettre une indiscrétion*
Lehrgeld zahlen	*apprendre à ses dépens*
durch eine harte Schule gehen/ in strenger Schule sein	*être à rude école*
Schule machen	*faire école*

17 Musik / *La musique*

1 Complète le dialogue avec les mots suivants.

Band Harfe Musikstunde Instrumente
Musiknoten spiele Klavier

Kat.: Jetzt habe ich ....
T.: Was machst du denn?
Kat.: Ich .... Musik, allerlei ....
T.: Kannst du Flöte spielen?
Kat.: Nein, das kann ich nicht.
T.: Und .... spielen?
Kat.: Nein, noch nicht.
T.: Aber was kannst du denn spielen?
Kat.: ....
K.: Ich habe eine Idee. Ich spiele Gitarre. Dann bilden wir eine Jazz ....!
Kat.: Kannst du die .... lesen?
K.: Nein, aber das macht nichts.

rappel

- *Attention au genre des noms :*

Band *peut être féminin, comme ici, masculin ou neutre, avec un sens différent chaque fois.*

- *Attention à l'emploi de* können *dans le sens de « savoir » !*

- Allerlei *+ nom au pluriel signifie : toutes sortes de...*

- *Les notes de musique sont :*

c - d - e - f - g - a - h - c *correspondant à do - ré - mi - fa - sol - la - si - do*

- *Majeur :* Dur *mineur :* Moll

2 Nomme les douze instruments de musique.

1

2

3

4

5

6

7

8

9

10

11

12

1 ....

2 ....

3 ....

4 ....

5 ....

6 ....

7 ....

8 ....

9 ....

10 ....

11 ....

12 ....

3 Retrouve les noms dans la grille (ils peuvent aussi se lire à l'envers !).

I	O	M	U	S	I	K
U	G	E	L	R	U	I
C	E	L	L	O	A	G
C	I	O	I	O	O	Z
E	G	D	E	P	A	Z
F	E	I	D	T	V	T
M	R	E	G	N	Ä	S

(die) Geige
(das) Cello
(der) Sänger

(die) Musik
(das) Lied
(die) Melodie

4 Relie les mots et leur traduction.

1 le concert
2 l'orchestre
3 le tube
4 le musicien
5 la musique pop

a der Musiker
b das Konzert
c die Band
d die Popmusik
e der Schlager

5 Relie le joueur et son instrument.

1 der Trompeter
2 der Flötenspieler
3 der Klavierspieler
4 der Geigenspieler
5 der Cellist

a das Klavier
b die Trompete
c die Flöte
d das Cello
e die Geige

WORTSCHATZ

■ Die Musik : *la musique*

der Musiker(-)	*le musicien*
musizieren	*faire de la musique*
vor / tragen (ä, u, a)	*interpréter, exécuter*
singen (a, u)	*chanter*
der Sänger(-)	*le chanteur*
das Lied(er)	*la chanson*
der Schlager(-)	*le tube*
die Melodie(n)	*la mélodie, l'air*
die klassische Musik	*la musique classique*
die Popmusik	*la musique pop*
der Jazz	*le jazz*
der Komponist (en, en)	*le compositeur*
komponieren	*composer*
das Orchester(-)	*l'orchestre*
die Band	*le groupe*
die Leitung	*la direction*
der Dirigent (en, en)	*le chef d'orchestre*
das Konzert(e)	*le concert*
ins Konzert gehen	*aller au concert*
die Oper(n)	*l'opéra*
in die Oper gehen	*aller à l'opéra*

■ Das Musikinstrument(e) : *l'Instrument de musique*

das Saiten-instrument(e)	*l'instrument à cordes*
die Seite(n)	*la corde*
das Blas-instrument(e)	*l'instrument à vent*
blasen (ie, a)	*souffler*
das Schlag-instrument(e)	*l'instrument à percussion*
das Klavier(e)	*le piano*
Klavier spielen	*jouer du piano*
die Gitarre(n)	*la guitare*
die Geige(n)	*le violon*
das Cello(s)	*le violoncelle*
die Flöte(n)	*la flûte*
die Querflöte(n)	*la flûte traversière*
die Trompete(n)	*la trompette*
das Schlagzeug	*la batterie*
das Akkordeon(s)	*l'accordéon*
die (Mund)-harmonica(s)	*l'harmonica*
das Saxophon(e)	*le saxophone*
die Posaune(n)	*le trombone*
die Harfe(n)	*la harpe*
das Tamburin(e)	*le tambourin*

■ Expressions idiomatiques

Er weiß ein Lied davon zu singen.	*Il est payé pour le savoir.*
Musik in den Ohren sein	*boire du petit lait*
Das ist das Ende vom Lied.	*C'est la fin des haricots.*
Du kommst mir immer mit altem Lied.	*C'est toujours la même rengaine.*

18 Sport treiben / *Faire du sport*

1 Complète le dialogue avec les mots suivants.

Hockey *treibe* *Tennis*
Fußball *Mannschaft* *trainiere*

K.: Und du Thomas, spielst du Klavier?
T.: Ich, nein! Ich .... Sport!
K.: Was denn? ...., Rugby?
T.: Ich spiele weder Fußball noch Rugby. Ich spiele ...
K.: Wie oft spielst du in der Woche?
T.: Dreimal, je eine Stunde. Ich ...., spiele auch .... und Fußball beim Trainieren.
K.: Mensch! Du bist sicher sehr gut!
T.: Ich gehöre der deutschen männlichen .... an.
K.: Super!

rappel

- *Attention aux corrélations, positive pour* entweder... oder, *négative pour* weder ... noch :
  Ich spiele weder Fußball noch Rugby.

- *La question sur la fréquence se fait à l'aide de la tournure interrogative :* wie oft...?
  Wie oft spielst du in der Woche?

- *Attention aux constructions particulières des verbes avec un cas ou un groupe prépositionnel. Par exemple :* gehören.
  Ici, il s'agit de an/gehören + *datif.*
  Ich gehöre der deutschen männlichen Mannschaft an.

- *Faire la différence entre :* das Training (*substantif*) et das Trainieren (*verbe* trainieren *substantivé avec une majuscule et un article défini devant*) :
  [Ich] spiele auch Hockey und Fußball beim Trainieren.

2 Trouve de quel sport il s'agit.

1 .... 2 .... 3 .... 4 ....

5 .... 6 .... 7 .... 8 ....

3 Mets les lettres dans le bon ordre et ajoute les majuscules si besoin est.

1 sleenpi ....
2 bßllauf ....
3 ninset ....
4 nnnere ....
5 nprgneis ....

4 Souligne l'intrus.

1 Spiel	**2** Ball	**3** schwimmen
Ball	Handball	Badekappe
spielen	Tennis	Badeanzug
Spieler	Fußball	Schläger

5 Relie les mots et leur traduction.

1 la course à pied	**a** die Leichtathletik
2 le patinage artistique	**b** das Skilaufen
3 le saut	**c** das Laufen
4 le judo	**d** das Fechten
5 l'escrime	**e** das Judo
6 l'athlétisme	**f** der Eiskunstlauf
7 le ski	**g** der Sprung

6 Relie chaque sport avec le (ou les) accessoire(s) adéquat(s).

Das Tennis	die Badekappe	das Meer
Das Radfahren	der Ski	der Ball
Das Autorennen	die Badehose	das Boot
Das Skilaufen	das Schwimmbad	die Bahn
Das Segeln	der Schläger	das Rad
Das Schwimmen	der Schnee	das Auto

WORTSCHATZ

Der Sport : *le sport*

sportlich	*sportif, sportive*
der Sportler(-)	*le sportif, la sportive*
Sport treiben	*faire du sport*
trainieren	*s'entraîner*
das Training	*l'entraînement*
der Trainer(-)	*l'entraîneur*
die Mannschaft(en)	*l'équipe*
der Profi(s)	*le professionnel*
der Amateur(e)	*l'amateur*
die Meisterschaft(en)	*le championnat*
die Weltmeisterschaft(en)	*le championnat du monde*
der Weltmeister(-)	*le champion du monde*
die Olympischen Spiele	*les Jeux olympiques*
der Sieg(e)	*la victoire*
der Sieger(-)	*le vainqueur*
den Sieg davon/tragen(ä, u, a)	*remporter la victoire*
der Rekord(e)	*le record*
die Niederlage(n)	*la défaite*
gewinnen(a, o)	*gagner*
schlagen(ä, u, a)	*battre*
verlieren(o, o)	*perdre*
der Verlierer(-)	*le perdant*
der Sportverein(e)	*l'association sportive*
der Klub(s)	*le club*
der Pokal(e)	*la coupe*
die Medaille(n)	*la médaille*
die Sportleistung(en)	*la performance*
die Sportveranstaltung(en)	*la manifestation sportive*

Die Sportarten : *les différents types de sport*

– das Schwimmen	*la natation*
schwimmen (a, o)	*nager*
Brust, Rücken schwimmen	*nager la brasse, le dos*
den toten Mann machen	*faire la planche*
der Schwimmer(-)	*le nageur*
das Schwimmbad(¨er)	*la piscine*
– das Segeln	*le yachting*
segeln	*faire de la voile*
der Segler(-)	*le yachtman ou le voilier*
das Segelboot(e)	*le bateau à voile*

– das Surfen	*le surf*
das Surfbrett(er)	*la planche à voile*
– das Radfahren	*le cyclisme*
rad/fahren(ä, u, a + sein)	*faire du vélo*
das (Fahr)rad(¨er)	*le vélo*
das BMX-Rad(¨er)	*le vélo-cross*
der Radfahrer(-)	*le cycliste*
– das Autorennen	*la course automobile*
die Rennbahn(en)	*le circuit (de course automobile)*
der Rennfahrer(-)	*le coureur automobile*
– das Laufen, das Rennen	*la course (à pied)*
der Läufer(-)	*le coureur*
laufen (ä, ie, a + sein), rennen	*courir*
– das Skilaufen	*le ski*
Ski/laufen (ä, ie, a + sein)	*faire du ski*
der Skiläufer(-)	*le skieur*
der Ski(er)	*le ski*
– das Eislaufen	*le patinage*
der Eiskunstlauf	*le patinage artistique*
der Schlittschuhläufer(-)	*le patineur, la patineuse*
Schlittschuh laufen	*faire du patin à glace*
der Schlittschuh(e)	*le patin à glace*
das Eishockey	*le hockey sur glace*
– das Reiten	*l'équitation*
reiten(i, i + sein)	*faire de l'équitation*
das Pferd(e)	*le cheval*
der Reiter(-)	*le cavalier, la cavalière*
das Pferderennen	*la course de chevaux*
die Pferderennbahn(en)	*l'hippodrome*
– die Leichtathletik	*l'athlétisme*
der Leichtathlet(en, en)	*l'athlète*
der Sprung(¨e)	*le saut*
der Hochsprung(¨e)	*le saut en hauteur*
springen(a, u + sein)	*sauter*
– das Boxen	*la boxe*
der Boxer(-)	*le boxeur*
der Ring(e)	*le ring*

➲ ATTENTION : das Ringen, *la lutte*, der Ringer(-), *le lutteur*

– das Judo	*le judo*
der Judoka(s)	*le judoka*
der Gürtel(-)	*la ceinture*
– das Fechten	*l'escrime*
fechten (o,o)	*faire de l'escrime*
– das Turnen, die Gymnastik	*la gymnastique*
turnen	*faire de la gymnastique*
der Turner(-)	*le gymnaste*
– der Ball(¨e)	*la balle, le ballon*
der Fußball	*le football*
der Handball	*le handball*
der Volleyball	*le volleyball*
der Basketball	*le basketball*
das Stadion(en)	*le stade*
der Sportplatz(¨e)	*le terrain de sport*
das Spiel(e)	*le match*
der Torwart(e)	*le gardien de but*
das Tor(e)	*le but*
ein Tor schießen	*marquer un but*
– das Tennis	*le tennis*
der Tennisspieler(-)	*le joueur de tennis*
Tennis spielen	*jouer au tennis*
der Tennisplatz(¨e)	*le court de tennis*
der Sandplatz(¨e)	*le court de terre battue*
der (Tennis)schläger(-)	*la raquette de tennis*
auf/schlagen(ä, u, a)	*servir*

■ Expressions idiomatiques

Laß mich aus dem Spiel!	*Laisse-moi en dehors de cela !*
ein Spiel mit dem Feuer	*un jeu avec le feu*
aufs Spiel setzen	*mettre en jeu*
im Spiel sein	*être en jeu*
Das Leben steht auf dem Spiel.	*Il y va de la vie.*

19 Einkaufen / *Faire les courses*

1 Complète le dialogue avec les mots suivants.

kostet *Euro* *teuer* *Preisschild* *billig*
Pfund *Wunsch* *macht* *Wechselgeld*

K.: *Katrin* **V.:** *die Verkäuferin*
K.: Ich brauche eine Konservendose. Wieviel .... die?
V.: Die kostet zwei .... dreißig.
K.: Das ist zu .... Und die dort? Ich kann das .... nicht sehen!
V.: Ein Euro fünfzig.
K.: Das ist .... Ich möchte noch Butter und Brot. Verkaufen Sie Butter und Brot?
V.: Ja, natürlich.
K.: Können Sie mir bitte ein .... Butter und sechs Brötchen geben?
V.: Ja, sicher. Haben Sie noch einen ....?
K.: Nein, danke. Doch, haben Sie Fisch?
V.: Nein, leider nicht. Das .... zehn Euro zwanzig.
K.: Hier sind 15 Euro.
V.: Danke schön. Hier ist Ihr ....!
K.: Danke. Auf Wiedersehen!
V.: Auf Wiedersehen!

rappel

- *Quand vous faites les courses, quelques tournures :*
  Que désirez-vous? — Was darf es sein?
  Puis-je vous aider? — Darf ich Ihnen helfen?
- Ich möchte/hätte gern... — *J'aimerais...*
  Sonst noch was? / Sonst noch einen Wunsch? — *Ce sera tout?*
  Danke, das ist alles. — *C'est tout, merci.*
- *Interrogation sur le coût :* Wieviel kostet es? — Wie teuer ist es?
- *On ne met pas d'article devant un nom quand il s'agit d'une quantité indéterminée :* Haben Sie Fisch?
- *Précédé d'une indication de quantité, le nom ne varie pas :*
  Das macht zehn Euro zwanzig.

2 Où travaillent-ils ?

1 .... 2 ....

3 .... 4 .... 5 ....

3 Relie les contraires entre eux.

1 arm	**a** teuer
2 billig	**b** verkaufen
3 zahlen	**c** reich
4 kaufen	**d** die Ausgabe
5 der Einkauf	**e** zurückzahlen

4 Trouve dans le vocabulaire des pages 84 et 85 :

1 trois noms formés avec *Geld:*

....

2 trois mots formés avec *kauf-:*

....

3 trois noms d'endroits où tu peux faire les courses :

....

4 trois noms de boutiques où tu vas souvent :

....

5 trois mots qui ont un rapport avec la notion de prix :

....

■ Das Geschäft(e) : *le magasin*

der Laden(¨)	*la boutique*
das Lebensmittelgeschäft(e)	*l'épicerie*
das Tabakwarengeschäft(e)	*le bureau de tabac*
das Sportgeschäft(e)	*le magasin de sport*
das Zeitungsgeschäft	*la maison de la presse*
der (Zeitungs)kiosk(e)	*le kiosque à journaux*
die Bäckerei(en)	*la boulangerie*
die Konditorei(en)	*la pâtisserie-confiserie*
die Fleischerei(en), die Metzgerei(en)	*la boucherie*
die Wäscherei(en)	*la blanchisserie*
der Juwelierladen(¨)	*la bijouterie*
der Fischladen(¨)	*la poissonnerie*
die Blumenhandlung(en)	*le fleuriste (magasin)*
die Buchhandlung(en)	*la librairie*
die Schreibwarenhandlung(en)	*la papeterie*
die Obst - und Gemüsehandlung(en)	*le magasin de primeurs*
die Apotheke(n)	*la pharmacie*
die Reinigung(en)	*la teinturerie, le pressing*
der Frisiersalon(s)	*le salon de coiffure*

■ Der Markt(¨e) : *le marché*

der Supermarkt(¨e)	*le supermarché*
das Einkaufszentrum(-zentren)	*le centre commercial*
das Kaufhaus(¨er), das Warenhaus(¨er)	*le grand magasin*
kaufen	*acheter*
der Käufer(-)	*l'acheteur*
verkaufen	*vendre*
der Verkäufer(-)	*le vendeur*
der Verkauf(¨e)	*la vente*
der Ausverkauf	*les soldes*
der Sommerschlußverkauf(¨e)	*les soldes d'été*
der Winterschlußverkauf(¨e)	*les soldes d'hiver*
ausverkauft	*épuisé, totalement vendu*
ein/kaufen, Einkäufe machen	*faire les courses*
der Einkauf(¨e)	*l'achat, la course*
der Einkaufswagen(–)	*le Caddie*
aus/geben(i, a, e)	*dépenser*
die Ausgabe(n)	*la dépense*
der Händler(-)	*le marchand, le commerçant*
der Kaufmann(-leute)	*le négociant, le commerçant*
der Kunde(n, n)	*le client*

die Kundin(nen)		*la cliente*	
die Ware(n)		*la marchandise*	
an/bieten (o, o)		*offrir, proposer*	
zahlen, bezahlen		*payer*	
das Angebot(e)		*l'offre*	
das Sonderangebot(e)		*l'offre spéciale*	
der Rabatt(e)		*la remise*	
Rabatt geben(i, a, e)		*faire une remise*	
zurück/zahlen		*rembourser*	
um/tauschen		*échanger*	
liefern		*livrer*	
der Preis(e)		*le prix*	
preiswert		*avantageux*	
billig	*bon marché*	≠ teuer	*cher*
die Marke(n)		*la marque*	

■ Das Geld : *l'argent*

das Kleingeld	*la petite monnaie*
das Taschengeld	*l'argent de poche*
das Wechselgeld	*la monnaie*
der Wert(e)	*la valeur*

➲ ATTENTION : *la monnaie (d'un pays),* die Währung(en)

der Geldschein(e)	*le billet*
der Euro	*l'euro*
der Dollar(s)	*le dollar*
der Rubel	*le rouble*
der Wechsel(–)	*le change*

■ Expressions idiomatiques

Geld regiert die Welt.	*L'argent est roi.*
Geld zum Fenster hinauswerfen	*jeter l'argent par les fenêtres*
Geld wie Heu haben	*être riche comme Crésus*

20 Am Telefon oder auf Internet / *Au téléphone et sur Internet*

1 Complète le dialogue avec les mots suivants.

Mail *Hallo* *sagst* *wiederholen* *Hier*
Telefonnummer *rufe... zurück* *lautet* *Wiederhören*

Ushi ruft Thomas an:

T.: Hier Thomas Horn.
U.: ...., hier ist Uschi. Tag, Thomas.
T.: Tag, Uschi.
U.: Du, Thomas. Ich möchte dich am Sonntag zum Mittagessen einladen.
T.: Was .... du, Uschi? Kannst du das ....?
U.: Ich möchte dich am Sonntag zum Mittagessen einladen.
T.: Wie nett! Was gibt's zu essen?
U.: Ich weiß es noch nicht!
T.: Gut, dann gib mir bitte deine ....! Ich .... dich bald ...., um dir Bescheid zu sagen.
U.: Meine Telefonnummer .... : 08 736 654.
T.: Also null, acht, sieben, drei, sechs, sechs, fünf, vier.
U.: Ja. Du kannst auch mir eine .... schicken. .... ist Mailadresse : uschi.f@web.de. Bis bald. Auf ....!
T.: Auf ....!

rappel

- *Attention :* Hallo *ici correspond plutôt au français « allô » qu'au mot « salut ».*

- *« Au revoir », dans une conversation téléphonique, se dit* auf Wiederhören *et non* auf Wiedersehen.

- *Faire la différence entre un groupe infinitif du type :*

  Ich möchte dich zum Mittagessen am Sonntag einladen.
  Kannst du das wiederholen?

et une proposition infinitive de but comme :

Ich rufe dich bald zurück, um dir Bescheid zu sagen.

2 Écris en toutes lettres les numéros de téléphone suivants.

01 46 26 27 02

....

03 03 24 19 22

....

05 05 08 27 32

....

02 19 21 85 94

....

3 Complète les mots suivants.

1 d.....	H.......r
2 d.....	T.. l..... o.. a..... a..... t
3 d.....	T.. l.......... n.. el..... e
4 d.....	T..... e..... o..... a..... e
5 d.....	T.. l..... nb.....

4 Découpe et remets les majuscules là où c'est nécessaire.

anrufenapparattelefonsprechentelefonzelleklingelnleitungbesetztverzeichniswähleneinhängen

5 Relie les bons mots entre eux.

1 raccrocher	**a** abheben
2 rappeler	**b** wählen
3 décrocher	**c** einhängen
4 composer le numéro	**d** anrufen
5 appeler	**e** zurückrufen

6 Forme des mots composés et traduis-les.

Mail-	die Zelle
Telefon-	die Nummer
	die Adresse
	die Box
	das Buch
	der Apparat

WORTSCHATZ

■ Das Telefon(e) : *le téléphone*

der Apparat(e)	*l'appareil*
die Drucktaste(n)	*la touche*
der Hörer(-)	*l'écouteur*
ein schnurloses Telefon	*un téléphone sans fil*
das Telefon klingelt	*le téléphone sonne*
jn ans Telefon rufen	*appeler qn au téléphone*
am Telefon gewünscht werden	*être demandé au téléphone*
Wer ist am Apparat?	*C'est de la part de qui ?*
am Telefon	*au téléphone*
sich Telefon legen lassen	*se faire installer le téléphone*
telefonieren	*téléphoner*
jn an/rufen(ie, u)	*appeler qn (au téléphone)*
der Anruf(e)	*le coup de téléphone*
zurück/rufen	*rappeler*
die Telefonzelle(n)	*la cabine téléphonique*
die Telefonkarte(n)	*la carte de téléphone*
das Ferngespräch(e)	*la communication interurbaine*
das Verzeichnis(se)	*la liste*
das Telefonbuch(¨er)	*l'annuaire*
der Notruf	*l'appel d'urgence*
der Anrufbeantworter(-)	*le répondeur*
eine Nachricht hinterlassen	*laisser un message*
die Fernabfrage	*l'interrogation à distance*
das Handy(s)	*le téléphone portable*
das Mobiltelefon	*le téléphone mobile*
die Taste(n)	*la touche*
auf Tastendruck	*en appuyant sur la touche*
mobil/telefonieren	*utiliser le téléphone portable*
die Auskunftstelle	*le service de renseignements*

■ Die Telefonnummer(n) : *le numéro de téléphone*

wählen	*composer le numéro de téléphone*
ab/heben(o, o)	*décrocher*
ein/hängen	*raccrocher*
besetzen	*occuper*
Die Leitung ist besetzt.	*La ligne est occupée.*
Unterbrechen Sie nicht!	*Ne coupez pas !*
es meldet sich niemand	*personne ne répond*
der Tonruf	*la sonnerie*
die Vorwahl	*l'indicatif*

Das Gespräch(e) : *la conversation*

die Unterhaltung(en)	*la conversation*
sprechen (i, a, o)	*parler*
sich unterhalten (ä, ie, a)	*s'entretenir*
wiederholen	*répéter*
schlecht / nicht gut hören	*ne pas bien entendre*

Le déroulement de la conversation :
- *celui qui décroche s'annonce :* Hier X
- *celui qui téléphone se présente :* Hier ist Y
- *pour se quitter :* Auf Wiederhören!

die Fax	*le fax*
(tele) faxen	*faxer*
etwas durch/faxen	*faxer quelque chose*
das (Tele) Faxgerät	*le télécopieur*
das Internet	*Internet*
das World Wide Web	*le Web*
das Netz(e)	*le réseau*
die Website(s)	*le site web*
auf Internet surfen	*surfer sur Internet*
der Internetsurfer(-)	*l'internaute*
die E-Mail	*le courrier électronique*
die (E-)Mailadresse	*l'adresse électronique*
die Mailbox(en)	*la boîte postale électronique*
eine Mail schicken	*envoyer un mail/courrier électronique*
die Suchmaschine(n)	*le moteur de recherche*
der Provider	*le fournisseur d'accès*
herunter/laden	*télécharger*
der Zugang zum Internet	*l'accès à Internet*

Expressions idiomatiques

Zuviel sprechen ist vom Übel.	*Trop parler nuit.*
gut auf jn zu sprechen sein	*ne pas en vouloir à qn*
für jn nicht zu sprechen sein	*n'être pas là pour qn*

21 Ausgehen / *Sortir*

1 Complète le dialogue avec les mots suivants.

nicht *spät* *Rendez-vous* *weg* *Freund*
stehen *sehe ... aus* *lächerlich* *Wohin*

K.: Uschi, ich suche mein tolles Kleid. Weißt du, das gemusterte Kleid? Ich habe ein .... mit einem .... von Thomas und ich finde es nicht!

U.: Das ist aber Pech! Hier ist meine Hose und mein Pulli! Zieh sie an!

K.: Aber sie .... mir überhaupt .... Die Hose ist mir zu eng, der Pulli ist mir zu weit! Wie .... ich ....? Doof!

U.: Aber was ziehst du denn lieber an? Einen langen Mantel? Stiefel?

K.: Ich kann unmöglich das alles tragen. Ich sehe .... aus! Vielleicht leiht mir Mutti ihr schönes, gestreiftes Kleid und die Kette noch dazu?

U.: Aber Katrin, du weißt es ja. Mutti ist nicht da! Sie kommt in einer Stunde zurück.

K.: In einer Stunde? Aber das ist dann zu ....! Ich muß in fünf Minuten ....!

U.: Nimm also meine Sachen!

K.: Nein, nein. Ich nehme Muttis Sachen.

U.: Aber Mutti weiß es nicht!

K.: Ich sage es ihr auch nicht!

U.: .... gehst du?

K.: Ins McDonald's!

rappel

- *Revoir l'utilisation du génitif saxon :* Ich nehme Muttis Sachen.
- *Attention à l'ordre des éléments avec deux pronoms dans une même phrase remplaçant l'un un complément à l'accusatif, l'autre un complément au datif :*
  Ich sage es ihr auch nicht!
- *La préférence s'exprime à l'aide de* lieber : Aber was ziehst du denn lieber an?

2 Où aller ?

1 Ich gehe ...., um Musik zuzuhören.
2 Er geht ...., um gut zu essen.
3 Wir gehen ...., um uns einen Film anzusehen.
4 Sie gehen ...., um einem Schauspiel beizuwohnen.
5 Sie gehen ...., um zu tanzen.

3 Souligne l'intrus.

1 tanzen gehen
ins Konzert gehen
in die Oper gehen
ins Restaurant gehen

2 das Konzert
das Theater
das Orchester
die Oper

3 der Zirkus
das Theater
das Restaurant
das Kino

4 Relie ce qui va ensemble.

1 der Film
2 der Tisch
3 das Orchester
4 der Clown
5 der Schauspieler

a die Oper
b das Restaurant
c der Zirkus
d das Theater
e das Kino

5 Traduis.

1 le menu ....
2 une scène de théâtre ....
3 le rideau ....
4 un billet de cinéma ....

6 Remets les lettres dans l'ordre.

1 NIKO ....
2 TZNA ....
3 ZSKURI ....
4 TKNREOZ ....
5 ETTHRAE ....

WORTSCHATZ

aus/gehen (i, a + sein)	*sortir*	≠	ein/gehen	*entrer*
der Ausgang	*la sortie*	≠	der Eingang	*l'entrée*

→ *Voir les nombreuses formations avec* gehen *et* -gang :

übergehen	der Übergang *(la transition)*
untergehen	der Untergang *(le déclin)*
durchgehen	der Durchgang *(le passage)*
vorgehen	der Vorgang *(l'événement)*

■ Tanzen gehen : *aller danser*

tanzen	*danser*
der Tanz(¨e)	*la danse*
der Rock	*le rock*
der Walzer	*la valse*
der Tango	*le tango*
der Tänzer(-)	*le danseur*
die Tänzerin(nen)	*la danseuse*
die Disko(thek)	*la discothèque*
das Ballett(e)	*le ballet*

■ Ins Theater gehen : *aller au théâtre*

das Theater(-)	*le théâtre*
das Theaterstück(e)	*la pièce de théâtre*
die Bühne(n)	*la scène*
der Vorhang(¨e)	*le rideau*
der Zuschauer(-)	*le spectateur*
etwas (+ *datif*) zu/schauen	*regarder qc*
das Schauspiel(e)	*le spectacle*
der Schauspieler(-)	*l'acteur*
einem Schauspiel bei/wohnen	*assister à un spectacle*
das Publikum	*le public*
die Pause(n)	*l'entracte*
die Oper(n)	*l'opéra*
in die Oper gehen	*aller à l'opéra*
das Konzert(e)	*le concert*
ins Konzert gehen	*aller au concert*
der Zirkus(se)	*le cirque*
der Clown(s)	*le clown*

Das Kino(s) : *le cinéma*

ins Kino gehen	*aller au cinéma*
der Film(e)	*le film*
einen Film vor/führen	*présenter un film*
der Zeichentrickfilm(e)	*le dessin animé*
der Western(-)	*le western*
der Krimi(s)	*le film policier*
der Science-fiction-Film(e)	*le film de science-fiction*
die Eintrittskarte(n)	*le billet*
der Schauspieler(-)	*l'acteur*
die Hauptrolle	*le rôle principal*
die Hauptrolle besetzen	*tenir le rôle principal*
Der neue Film ist angelaufen.	*Le nouveau film vient de sortir.*

Das Restaurant(s) : *le restaurant*

der Gasthof(¨e)	*l'auberge*
die Gaststätte(n)	*le café-restaurant*
die Bierstube(n)	*la brasserie*
die Pizzeria(s)	*la pizzeria*
das MacDonald's	*le McDonald's*
der Kellner(-)	*le serveur*
die Kellnerin(nen)	*la serveuse*
die Bedienung	*le service*
bedienen	*servir*
bestellen	*commander*
die Bestellungen	*la commande*
die Speisekarte(n)	*la carte*
das Menü	*le menu*
die Rechnung(en)	*l'addition*
Herr Ober, bitte zahlen!	*Garçon, l'addition svp !*

Expressions idiomatiques

einen Tanz machen	*faire une comédie*
ein Theater machen	*jouer la comédie*
Es ist nur Theater!	*C'est de la comédie !*

22 Gesundheit / *La santé*

1 Complète le dialogue avec les mots suivants.

Grippe schwindelig Doktor wohl wehtue
müde -schmerzen Tabletten untersuche
verschreibe Apotheke Arzneien besser

K.: Herr ...., ich fühle mich nicht .... und bin sehr .... Ich habe Kopf- und Rücken .... und manchmal ist mir ....

A.: Wie alt sind Sie denn?

K.: Ich bin 12.

A.: Trinken Sie etwa Alkohol? Rauchen Sie schon? Schlafen Sie genug? Kleiden Sie sich aus und sagen Sie mir, ob ich Ihnen ...., wenn ich Sie an dieser oder jener Körperstelle ....!

K.: Na, Herr Doktor, was meinen Sie?

A.: Ja, alles ist in Ordnung. Sie haben vielleicht .... Ich .... Ihnen Heilmittel, die Sie in der .... kaufen können. Wenn Sie .... im Wasser auflösen und trinken, verschwinden Ihre Kopf- und Rückenschmerzen. Nehmen Sie diese .... ein, und, wenn es Ihnen nicht .... geht, rufen Sie mich nochmal an!

rappel

- *Revoir la forme de politesse*
- *Attention aux deux sens possibles de* wenn, *conjonction de subordination :*

  Wenn es Ihnen nicht besser geht, rufen Sie mich nochmal an!

(= si)

  Wenn Sie Tabletten im Wasser auflösen und trinken, verschwinden Ihre Kopf- und Rückenschmerzen.

(= quand)

2 Trouve les noms des objets d'après les dessins.

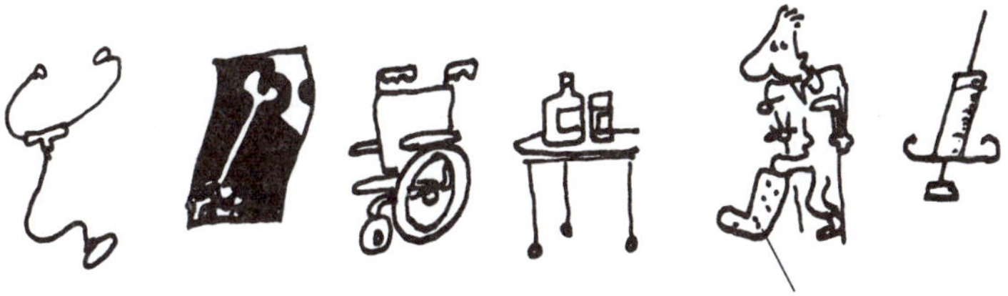

1 2 3 4 5 6

1 .... 2 .... 3 ....

4 .... 5 .... 6 ....

3 Retrouve dans la grille les mots suivants.

1 (die) Krankheit
2 gesund
3 blind
4 taub
5 stumm
6 (das) Fieber
7 (der) Husten
8 bluten

K	R	A	N	K	H	E	I	T	S
I	O	E	N	B	A	A	I	A	A
M	S	T	S	L	J	N	B	U	Z
O	Q	A	T	I	N	J	L	B	I
G	E	S	U	N	D	L	U	L	N
F	T	P	M	D	W	V	T	A	M
T	R	K	M	X	O	U	E	A	P
R	G	H	U	S	T	E	N	S	T
S	F	I	E	B	E	R	N	U	R
U	C	H	M	N	O	S	S	I	R

4 Souligne l'intrus.

1 der Krebs
die Grippe
das Rheuma
das Fieber

2 seekrank
die Krankheit
der Kranke
schwitzen

3 ich friere
es juckt mich
mir ist schlecht
behindert

5 Relie chaque verbe à son correspondant.

1	prendre froid	**a**	ersticken
2	saigner	**b**	schwellen
3	étouffer	**c**	sich die Nase putzen
4	se moucher	**d**	bluten
5	enfler	**e**	sich erkälten

6 Que font-ils ?

1 Sie ....

2 Sie ....

3 Sie ....

4 Er ....

5 Er ....

7 Classe les mots suivants selon leur thème.

der Doktor – einschlafen – gähnen – der Chirurg – erwachen – aufwachen der – Arzt – wecken – der Traum – das Schlafmittel – der Schlaf – sich hinlegen – der Alptraum – sich erholen – müde – todmüde

1 ....
....
....

2 ....
....
....
....
....
....
....
....
....
....

3 ....
....
....

WORTSCHATZ

Die Krankheit(en) : *la maladie* ≠ die Gesundheit : *la santé*

krank *malade*	≠ gesund *en bonne santé*
krank werden (i, u, o + sein)	*tomber malade*
seekrank sein	*avoir le mal de mer*
der Kranke, ein Kranker	*le malade*
das Krankenhaus(¨er)	*l'hôpital*
die Klinik(en)	*la clinique*
der Krankenwagen(-)	*l'ambulance*
die Krankenschwester(n)	*l'infirmière*

Schmerzen haben : *avoir des douleurs*

es tut mir weh	*cela me fait mal*
an einer Krankheit leiden (litt, gelitten)	*souffrir d'une maladie*
das Kopfweh, die Kopfschmerzen	*le mal de tête*
die Migräne	*la migraine*
Kopfweh haben	*avoir mal à la tête*
die Halsschmerzen	*le mal de gorge*
Halsweh haben	*avoir mal à la gorge*
Es ist schlimm.	*C'est grave.*

Das Fieber : *la fièvre*

Fieber haben	*avoir de la fièvre*
das Thermometer(-)	*le thermomètre*
Das Thermometer klettert.	*Le thermomètre grimpe.*
schwitzen	*transpirer*
ich friere (o, o), mir ist kalt	*j'ai froid*
die Erkältung	*le refroidissement*
erkältet sein, eine Erkältung haben	*être enrhumé*
sich erkälten	*prendre froid, s'enrhumer*
der Schnupfen(-)	*le rhume*
einen Schnupfen bekommen (a, o)	*attraper un rhume*
niesen	*éternuer*
husten	*tousser*
sich die Nase putzen	*se moucher*
der Husten	*la toux*

ersticken	*étouffer*
sich verbrennen (verbrannte, verbrannt)	*se brûler*
bluten	*saigner*
das Blut	*le sang*
schwellen (i, o, o + sein)	*enfler*
die Wunde(n)	*la blessure*
verletzt sein	*être blessé*
sich das Bein brechen	*se casser la jambe*
der Beinbruch(¨e)	*la fracture*
der Gips	*le plâtre*
der Rollstuhl	*le fauteuil roulant*
die Grippe(n)	*la grippe*
die Vergiftung(en)	*l'intoxication*
die Masern	*la rougeole*
der Mumps	*les oreillons*
die Mittelohrenentzündung(en)	*l'otite*
der Nervenzusammenbruch(¨e)	*la dépression*
der Wahnsinn	*la folie*
das Rheuma	*le rhumatisme*
der Sonnenstich(e)	*le coup de soleil*
die Bronchitis	*la bronchite*
die Angina	*l'angine*
der Krebs(e)	*le cancer*
der Herzanfall(¨e)	*la crise cardiaque*
der Herzinfarkt(e)	*l'infarctus*
taub	*sourd*
stumm	*muet*
taubstumm	*sourd-muet*
blind	*aveugle*
die Blindheit	*la cécité*
gelähmt	*infirme*
behindert	*handicapé*

■ Der Arzt(¨e), der Doktor(en) : *le médecin*

die Ärztin(nen)	*la femme médecin*
der Chirurg(en, en)	*le chirurgien*
der Zahnartz(¨e)	*le dentiste*
die Zahnärztin(nen)	*la femme dentiste*
die Karies(-)	*la carie*
die Plombe(n)	*le plombage*
die Notaufnahme(n)	*le service des urgences*
die erste Hilfe	*les premiers secours*
behandeln, pflegen	*traiter, soigner*

die Behandlung(en), die Pflege(n)	*le soin, le traitement*
heilen, genesen(i, a, e)	*guérir*
das Hörrohr	*le stéthoscope*
die Genesung	*la guérison*
das Medikament(e), die Arznei(en), das Heilmittel(-)	*le médicament*
die Tablette(n)	*le cachet*
die Pille(n)	*la pilule*
die Salbe(n)	*la pommade*
der Hustensaft(¨e)	*le sirop*
die Narbe(n)	*la cicatrice*
der Verband(¨e)	*le pansement*
die Operation(en)	*l'opération*
sich operieren lassen	*se faire opérer*
die Blutabnahme(n)	*la prise de sang*
die Röntgenaufnahme(n)	*la radio*
die Spritze(n)	*la piqûre*
jm eine Spritze geben	*faire une piqûre à qn*
impfen	*vacciner*
die Impfung(en)	*la vaccination*
sich erholen	*se rétablir*
die Erholung(en)	*le rétablissement*
der Schlaf(¨e)	*le sommeil*
schlafen (ie, a, ä)	*dormir*
ein/schlafen	*s'endormir*
erwachen, auf/wachen	*se réveiller*
wecken	*réveiller*
gähnen	*bâiller*
auf/stehen (stand, gestanden + sein)	*se lever*
sich hin/legen	*se coucher*
müde	*fatigué*
todmüde	*mort de fatigue*
der Traum(¨e)	*le rêve*
der Alptraum(¨e)	*le cauchemar*
von etwas träumen	*rêver de qc*

■ Expressions idiomatiques

sich krank lachen	*être malade de rire*
Du träumst wohl?	*Tu rêves ?*
sich gesund machen	*bien se porter*
Das hätte ich mir nicht träumen lassen.	*Je n'osais même pas y songer/J'étais loin de m'y attendre.*

23 Die Freizeit / *Les loisirs*

1 Complète le dialogue avec les mots suivants.

Monumente *Zoo* *Hobby* *basteln* *Museum* *Fernsehen*

K.: *Katrin* **U.:** *Uschi* **M.:** *Mutter*
K.: Mutti, heute haben wir keine Schule.
Gehen wir in den ....!
U.: Oh ja!
M.: Nein, gehen wir ins ....!
K.: Oh nein, es ist so langweilig!
M.: Ich möchte euch die Bilder von Picasso zeigen.
U.: Die sind häßlich!
M.: Dann besichtigen wir schöne alte ....!
K.: Die sind aber zu alt!
M.: Dann bleiben wir zu Hause und ....!
U.: Ich habe keine Lust dazu!
M.: Was wollt ihr aber tun?
K.: ....!
M.: Was für ein ....!

rappel

- *Pour aller voir quelque chose, on peut employer :*

- besuchen:
die Schule besuchen — ein Land besuchen
eine Ausstellung besuchen — den Zoo besuchen

- besichtigen:
die Stadt, ein Schloß, ein Museum besichtigen

Les noms correspondants sont : der Besuch(e), die Besichtigung(en).

- *Faire attention aux compléments de lieu en allemand, ici directifs :*
Gehen wir in den Zoo!
Gehen wir ins Museum!

par opposition au locatif :
Dann bleiben wir zu Hause.

2 Relie chaque activité à son correspondant allemand.

1 le joueur d'échecs
2 le journaliste
3 le sculpteur
4 l'acteur
5 le peintre

a der Maler
b der Bildhauer
c der Schauspieler
d der Journalist
e der Schachspieler

3 Souligne l'intrus.

1 das Bild
die Kamera
das Monument
der Fotograf

2 der Fernseher
das Radio
der Film
die Malerei

3 die Kunst
das Museum
die Skulptur
die Musik

4 Raye les mots qui ne correspondent pas à des activités de loisirs.

fernsehen
genesen
arbeiten
zahlen
verkaufen

besuchen
anrufen
sammeln
kaufen
sticken

kochen
spielen
helfen
stricken
schwimmen

5 Sépare les mots et mets, si besoin est, des majuscules.

dasbuchdasalbumschachspielenkartenspielenbesuchenbesichtigen
museumkunstausstellungdasgemäldediegalerie

....
....
....
....
....

WORTSCHATZ

Die Freizeit : *le temps libre, les loisirs*

das Hobby(s), die Freizeitbeschäftigung(en)	*le hobby, le passe-temps*
die Unterhaltung(en)	*la distraction, le divertissement*
der Spaß(¨e)	*l'amusement*
sich unterhalten(ä, ie, a)	*se distraire, se divertir*
sich amüsieren	*s'amuser*
sich langweilen	*s'ennuyer*
lustig, witzig	*amusant*
langweilig	*ennuyeux*

der Zoo	*le zoo*		
das Museum(en)	*le musée*	echt	*authentique*
die Ausstellung(en)	*l'exposition*	originell	*original*
die Skulptur(en)	*la sculpture (œuvre)*	malen	*peindre*
		der Maler(-)	*le peintre*
der Bildhauer(-)	*le sculpteur*	die Architektur	*l'architecture*
die Bildhauerei(en)	*la sculpture*	die Baukunst	
die Zeichnung(en)	*le dessin*	das Monument(e)	*le monument*
der Zeichner(-),	*le dessinateur*	das Kunstwerk(e)	*l'œuvre d'art*
das Bild(er)	*l'image*	das Meisterwerk(e)	*le chef-d'œuvre*
das Gemälde(-)	*le tableau*	der Stil(e)	*le style*
		die Kunst(¨e)	*l'art*
die Gemäldegalerie(n)	*la galerie de tableaux*	der Künstler(-)	*l'artiste*
		künstlerisch	*artistique*

Die Fotografie(n) : *la photographie*

das Foto(s), das Bild(er)	*la photographie*
der Fotograf(en, en)	*le photographe*
fotografieren, knipsen (*fam.*)	*photographier*
die Kamera(s), der Fotoapparat(e)	*l'appareil photo*
die Filmkamera	*la caméra*

Spielen : *jouer*

das Spiel(e)	*le jeu*	das Schachspiel	*les échecs*
das Spielzeug(e)	*le jouet*	Schach spielen	*jouer aux échecs*
der Spieler(-)	*le joueur*		
der Stein(e)	*le pion*	der Würfel(-)	*le dé*
die Karte(n)	*la carte*	würfeln	*jouer aux dés*
Karten spielen	*jouer aux cartes*		

■ Lesen(ie, a, e) : *lire*

der Leser(-)	*le lecteur*	die Tageszeitung(en)	*le quotidien*
		die Wochenzeitung(en)	*l’hebdomadaire*
das Buch(¨er)	*le livre*		
der Roman(e)	*le roman*	der Journalist(en, en)	*le journaliste*
die Zeitung(en)	*le journal*	der Artikel(-)	*l’article*
das Magazin(e)	*le magazine*	die Nachricht(en)	*la nouvelle*

■ Radio hören und fernsehen

der Bildschirm(e)	*l’écran*		
die Nachrichten hören	*écouter les informations*	das Programm(e)	*la chaîne*
		auf/nehmen(i, a, o)	*enregistrer*
der Fernseh-zuschauer(-)	*le télé-spectateur*	die Aufnahme(n)	*l’enregistrement*
der Zuhörer(-)	*l’auditeur*	die Videokassette(n)	*la cassette vidéo*
das Radio, der Rundfunk	*la radio*	die Audiokassette(n)	*la cassette audio*
das (Farb)fernsehen	*la télévision*		
der Fernseher(-)	*la télévision*	das Kabelfernsehen	*la télévision par câble*
das Kabel	*le câble*		
der Videorekorder (-)	*le magnétoscope*	fern/sehen(ie, a, e)	*regarder la télévision*
sich eine Sendung an/schauen	*regarder une émission*	die CD-Platte(n)	*le disque compact*
an/drehen, an/stellen	*allumer*	die Hifianlage(n)	*la chaîne hi-fi*
aus/drehen, aus/stellen	*éteindre*		

■ Der Computer (-)

der PC (der Personalcomputer)	*le micro-ordinateur*	der Modem	*le modem*
		die CD-Rom(s)	*le CD-Rom*
der Laptop(s)	*l’ordinateur portable*	die DVD-Rom(s)	*le DVD-Rom*
		das CD-/DVD-Rom-Laufwerk(e)	*le lecteur CD-/DVD-Rom*
der Bildschirm(e)	*l’écran*		
der Drucker(-)	*l’imprimante*	die Festplatte(n)	*le disque dur*
die Maus(¨-e)	*la souris*	die Software(s)	*le logiciel*
die Tastatur(en)	*le clavier*	speichern	*enregistrer*
der Scanner(-)	*le scanner*	surfen	*surfer*
Multimedia	*le multimédia*	multimedial (adj.)	*multimédia*
Das Videospiel(e), das Computerspiel(e)			*le jeu vidéo*
Die Spielkonsole(e)	*la console vidéo*		

24 Klima und Wetter / *Climat et météo*

1 Complète le dialogue avec les mots suivants.

warm kühl Sonne kalt heiß Schatten
regnet es draußen bräunen windig

M.: Katrin und Uschi, geht .... spielen!
K.: Nein, es ist zu ....
M.: Katrin, die .... scheint! Es ist plus 20 Grad! Geht in den Garten!
U.: Nein, es ist uns zu ....!
M.: Aber Kinder, dann geht ihr nie im Garten spielen! Im Winter ist es zu ...., im Sommer ist es zu ...., im Frühling .... immer und im Herbst ist es zu ....!
K.: Im Sommer können wir doch ins Hallenbad und uns .... lassen. Wenn es uns zu heiß ist, tauchen wir und schwimmen wir!
M.: So geht ins Hallenbad!
U.: Aber es ist zu windig. Und die Fahrräder sind kaputt!
M.: Ich will aber im Garten im .... einen guten Roman lesen. Auf Wiedersehen!

rappel

- *En réponse à la question :*

Wie ist das Wetter?
Quel temps fait-il?

on peut dire :

Es ist heiß / warm / kühl / mild / kalt
Il fait très chaud / chaud / frais / doux / froid.
Es ist schönes / schlechtes Wetter.
Il fait beau / mauvais temps.

- *Attention ! ne pas confondre l'impératif deuxième personne du pluriel (1) et l'indicatif présent de la même personne (2).*

1) Geht draußen spielen!
2) Dann geht ihr nie im Garten spielen!

2 Complète chaque légende en indiquant le numéro du dessin.

1 2 3 4

5 6 7 8

....	Wettervorhersage	....	Eis
....	Wolke	....	Regenschirm
....	Sonne	....	Blitz
....	Regen	....	Nebel

3 Quel temps fait-il ?

1 2 3 4 5 6

1 ....
2 ....
3 ....
4 ....
5 ....
6 ....

4 Trouve les contraires.

1 kühl	**a** sonnig
2 kalt	**b** warm
3 heiter	**c** schlecht
4 schön	**d** heiß
5 regnerisch	**e** stürmisch

WORTSCHATZ

Das Klima(te/s) : *le climat*

die Temperatur(en)	*la température*
die Kälte	*le froid*
die Wärme	*la chaleur*
die Hitze	*la forte chaleur*
die Hitzewelle(n)	*la vague de chaleur*
eine Hundekälte	*un froid de canard*
die Hundstage	*la canicule*
kalt	*froid*
warm	*chaud*
heiß	*très chaud*
trocken, dürr	*sec*
naß	*mouillé*
schwül	*lourd*
feucht	*humide*
heiter, hell	*serein, clair*
dunkel	*sombre*
sonnig	*ensoleillé*
im Schatten	*à l'ombre*
die Sonne(n)	*le soleil*
in der Sonne	*au soleil*
der Sonnenstrahl(en)	*le rayon de soleil*
der Schatten(-)	*l'ombre*

Das Wetter : *le temps (qu'il fait)*

bei diesem Wetter	*par ce temps*
die Wetterlage	*le temps d'aujourd'hui*
die Wettervorhersage(n)	*les prévisions météorologiques*
die weiteren Aussichten	*les prévisions à plus long terme*
der Wetterbericht(e)	*le bulletin météo*
das Barometer(-)	*le baromètre*
der Grad(e)	*le degré*
es ist minus / plus 10 Grad	*il fait moins / plus 10 degrés*
sich verbessern	*s'améliorer*
sich verschlechtern	*se détériorer*
sich ändern	*changer*
der Wetterwechsel(-)	*le changement de temps*

Der Regen(-) : *la pluie*

regnerisch	*pluvieux*
es regnet	*il pleut*
der Regenbogen(¨)	*l'arc-en-ciel*

der Regenschauer(-)	*l'averse*
der Regenschirm	*le parapluie*
die Wolke(n)	*le nuage*
wolkig, bewölkt	*nuageux*
der Tropfen(-)	*la goutte*
die Pfütze	*la flaque d'eau*
die Überschwemmung(en)	*l'inondation*
der Wind(e)	*le vent*
Es kommt Wind auf.	*Le vent se lève.*
windig	*venteux*
blasen (ä, ie, a)	*souffler*
das Unwetter, der Sturm(¨e)	*la tempête*
das Gewitter(-)	*l'orage*
stürmisch	*orageux*
der Blitz(e)	*l'éclair*
der Donner(-)	*le tonnerre*
der Hagel	*la grêle*
es hagelt	*il grêle*
der Schnee	*la neige*
es schneit	*il neige*
die Schneeflocke(n)	*le flocon de neige*
der Frost(¨e)	*la gelée*
der Reif	*le givre*
das Eis	*la glace*
das Glatteis	*le verglas*
frieren (o, o)	*geler*
schmelzen (i, o, o)	*fondre*
das Erdbeben	*le tremblement de terre*
die Erde bebt	*la terre tremble*

■ Expressions idiomatiques

gut Wetter bei jm machen	*faire la pluie et le beau temps chez qn*
in den Wind reden	*prêcher dans le désert*
wissen, woher der Wind weht	*savoir prendre le vent*
einen Rat in den Wind schlagen	*faire fi d'un conseil*
Er macht ein Gesicht wie zehn Tage Regenwetter	*faire un visage long comme un jour sans pain*
vom Winde verweht	*autant en emporte le vent*

25 Die Verkehrsmittel / *Les moyens de transport*

1 Complète le dialogue avec les mots suivants.

Platten Fuß Autos dorthin
Rad gefahren gefährlich

T.: Mutti, heute will ich ins Freizeit-Center!
M.: Wenn du nichts zu tun hast, bin ich damit einverstanden. Aber wie gehst du ....?
T.: Ich fahre mit meinem ....
M.: Aber Thomas, hast du vergessen, daß du einen .... hast?
T.: Ja, das stimmt! Kannst du mich dorthin fahren?
M.: Unmöglich! Vati ist mit dem Auto einkaufen ....
T.: Wie mache ich denn?
M.: Warte mal, bis Vati zurückkommt.
T.: Nein, das dauert zu lange. Dann gehe ich zu ....!
M.: Bei dem Wetter! Nein! Du wirst Sonnenstiche bekommen!
T.: Dann setze ich meinen Hut auf und creme mich ein! Tschüß Mutti!
M.: Paß auf die .... auf, Thomas! Es kann .... sein!
T.: Keine Angst, Mutti!

rappel

- *Pour indiquer un déplacement, on utilise :* gehen (*aller*) *quand on est à pied* (zu Fuß), fahren (*aller avec un véhicule à moteur*), *quand on a une voiture* (mit dem Auto) *ou un vélo* (mit dem Rad), fliegen, *quand on prend l'avion* (das Flugzeug).

- *Les compléments de lieu directifs :*
  Heute will ich ins Freizeit-Center!
  peuvent être remplacés par un adverbe de lieu directif :
  Aber wie gehst du dorthin?
  Le verbe de déplacement peut être élidé, le complément de lieu directif suffit à indiquer le changement de lieu (cf. première réplique).

- *Attention aux constructions particulières :*
  ... bin ich damit einverstanden.
  Paß auf die Autos auf Thomas!

2 Quel est le moyen de transport utilisé ?

1

2

3

4

5

6

7

8

1 ....
2 ....
3 ....
4 ....
5 ....
6 ....
7 ....
8 ....

3 Relie le véhicule ou la personne à son mode de déplacement.

1 das Rad
2 das Flugzeug
3 Thomas
4 das Boot
5 der Bus

a gehen
b fahren
c fliegen

4 Vrai *(richtig)* ou faux *(falsch)* ?

	R	F
1 Thomas fährt mit seinem Rad ins Freizeit-Center.	☐	☐
2 Katrin will mit dem Auto ins Hallenbad.	☐	☐
3 Vati ist einkaufen gegangen.	☐	☐
4 Mutti kann Auto fahren.	☐	☐
5 Thomas hat kein Motorrad.	☐	☐

WORTSCHATZ

■ Die Verkehrsmittel : *les moyens de transport*

die Straßenbahn(en)	*le tramway*
die U-Bahn(en) (U = Untergrund)	*le métro*
die S-Bahn(en) (S = Schnell)	*le train de banlieue (genre RER)*
der Zug(¨e)	*le train*
die Eisenbahn(en)	*le chemin de fer*
der Bus(se)	*l'autobus, l'autocar*
mit dem Bus fahren	*prendre l'autobus*
den Bus verpassen	*rater l'autobus*
der Fahrschein(e)	*le billet*
entwerten	*composter*
gültig *valable*	≠ nicht gültig *non valable*
der Schaffner(-)	*le contrôleur*
die Haltestelle(n)	*l'arrêt*
das Fahrzeug(e)	*le véhicule*
das Taxi(s)	*le taxi*
der Taxifahrer(-)	*le chauffeur de taxi*
das Auto(s), der Wagen(-)	*la voiture*
der Pkw(s) (= Personalkraftwagen)	*la voiture de tourisme*
der Wohnwagen(-)	*la caravane*
der Gebrauchtwagen(-)	*la voiture d'occasion*
der Autofahrer(-)	*le conducteur*
das Steuer(-)	*le volant*
am Steuer sitzen	*être au volant*
der Sitz(e)	*le siège*
das Rad(¨er)	*la roue*
die Karrosserie(n)	*la carrosserie*
der Rückspiegel(-)	*le rétroviseur*
das Motorrad(¨er)	*la moto*
der Motorradfahrer(-)	*le motocycliste*
das Moped(s)	*le vélomoteur*
das Fahrrad(¨er)	*la bicyclette*
der Radfahrer(-)	*le cycliste*
mit dem Rad fahren	*aller en vélo*
rad/fahren (ä, u, a + sein)	*faire du vélo*
er hat einen Platten	*il a crevé*
der ICE (Intercity expresszug)	*le TGV*
das Abteil(e)	*le compartiment*
der Gang(¨e)	*le couloir*
der Bahnsteig(e)	*le quai*
das Gleis(e)	*la voie*
der Sturzhelm(e)	*le casque*

der Lkw (= Lastkraftwagen)	*le camion*
das Flugzeug(e)	*l'avion*
die Rakete(n)	*la fusée*
mit dem Flugzeug fliegen (o, o + sein)	*aller en avion*
das Boot(e)	*la barque, le bateau*
das Schiff(e)	*le bateau*

Der Verkehr : *la circulation*

der (Verkehr)stau(s), die Stockung(en)	*l'embouteillage*
die Straße(n)	*la rue, la route*
die Bundesstraße(n)	*la nationale*
die Nebenstraße(n)	*la départementale*
die Einbahnstraße(n)	*la rue à sens unique*
die Autobahn(en)	*l'autoroute*
die Gebühr(en)	*le péage*
die Einfahrt(en)	*l'entrée*
die Ausfahrt(en)	*la sortie*
das (Verkehrs)schild(er)	*le panneau*
die Ampel(n)	*le feu*
eine rote Ampel überfahren	*brûler un feu rouge*
bei rot/gelb/grün	*au rouge/à l'orange/au vert*
fahren (ä, u, a + sein)	*conduire, rouler*
sich verfahren	*se tromper, se perdre en roulant*
bremsen	*freiner*
langsamer fahren	*ralentir*
beschleunigen	*accélérer*
überholen	*doubler*
überfahren	*renverser*
der Strafzettel(-)	*la contravention*
die Geldstrafe(n)	*l'amende*
tanken	*prendre de l'essence*
das Benzin	*l'essence*
voll/tanken	*faire le plein*
die Tankstelle(n)	*la station-service*
rechts/links ab/biegen (o, o)	*tourner à droite/à gauche*
geradeaus fahren	*aller tout droit*

Expressions idiomatiques

jm an den Wagen fahren (*fam.*)	*mettre qn sous pression*
unter die Räder kommen	*succomber*
jn links liegenlassen	*dédaigner, ignorer qn*
das fünfte Rad am Wagen sein	*être la cinquième roue du carrosse*

26 Die Stadt / *La ville*

1 Complète le dialogue avec les mots suivants.

zurück *Stadt* *Postamt* *Altstadt*
Bank *bummeln* *gibst ... aus*

M.: *Mutti* **K. :** *Katrin*

M.: Katrin, ich gehe in die ....
K.: Gehst du oder fährst du in die Stadt?
M.: Ich fahre dorthin mit dem Auto.
K.: Warum?
M.: Ich will auf die ...., um Geld zu bekommen. Ich gehe auch zum ....,
um Briefmarken zu kaufen, und dann tanken.
K.: In anderthalb Stunden bist du ....?
M.: Nein, dann gehe ich in der .... etwas ....
K.: Wozu denn?
M.: Ich brauche neue Kleider.
K.: Mutti, mach doch schnell! Sonst .... du viel Geld ....!

rappel

- *Attention aux prépositions utilisées pour les compléments de lieu directifs :*
  Ich gehe <u>in</u> die Stadt.
  Ich will <u>auf</u> die Bank.
  Ich gehe auch <u>zum</u> Postamt.

- In *ou* auf ?
  <u>auf</u> der Straße *dans la rue*

mais :
Sie wohnt <u>in</u> der Mozartstraße. *Elle habite rue Mozart.*

2 Réponds aux questions.

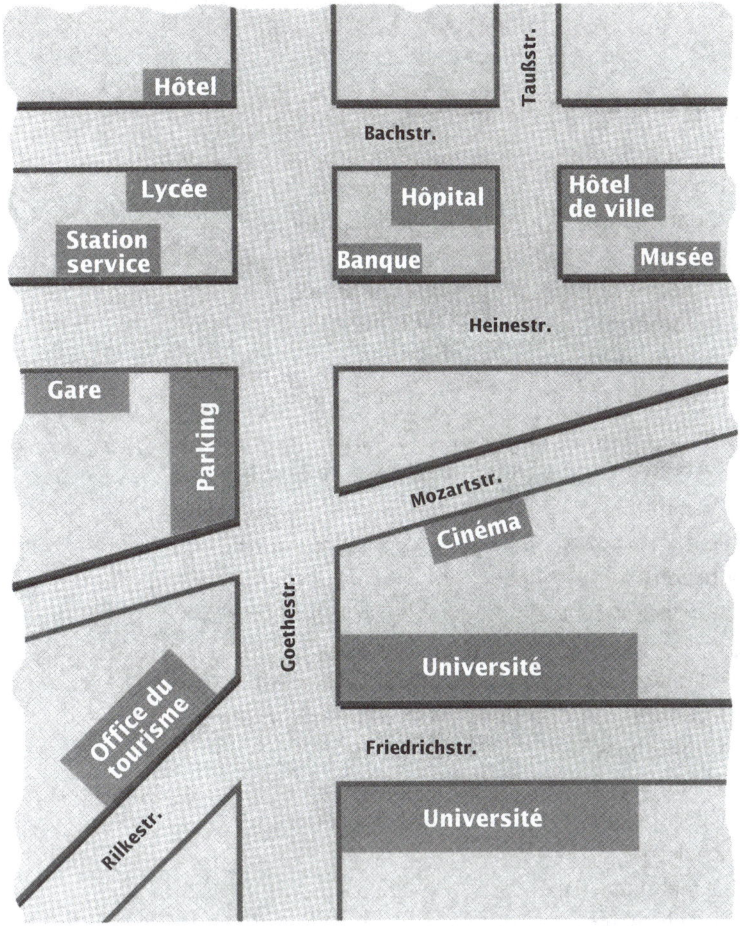

Wo befindet sich...

1 das Museum?	In der .... straße.
2 die Universität?	....
3 die Tankstelle?	....
4 das Kino?	....
5 das Verkehrsamt?	....
6 der Bahnhof?	....
7 das Rathaus?	....
8 das Krankenhaus?	....

WORTSCHATZ

■ Das Gebäude(-) : *le bâtiment*

das Haus(¨er)	*la maison*
das Hochhaus(¨er)	*l'immeuble*
das Monument(e)	*le monument*
die Kirche(n)	*l'église*
die Kathedrale(n)	*la cathédrale*
der Dom(e)	
das Münster(-)	
das Rathaus(¨er)	*l'hôtel de ville*
die Bank(en)	*la banque*

➔ ATTENTION : die Bank – die Bänke = *le banc, les bancs*

das Postamt(¨er)	*le bureau de poste*
die Post	*la poste, le courrier*
Post haben	*avoir du courrier*
das Arbeitsamt(¨er)	*le bureau pour l'emploi*
das Verkehrsamt(¨er)	*l'office de tourisme*
die Polizeiwache(n)	*le poste de police*
das Jugendzentrum(zentren)	*le centre pour les jeunes*
das Krankenhaus(¨er)	*l'hôpital*
die Bibliothek(en)	*la bibliothèque*
die Mediathek(en)	*la médiathèque*
die Schule(n)	*l'école*
das Gymnasium(-sien)	*le lycée*
die Universität(en)	*l'université*
das Museum(en)	*le musée*
das Kino(s)	*le cinéma*
das Theater(-)	*le théâtre*
das Opernhaus(¨er)	*l'opéra*
die Garage(n)	*le garage*
die Tankstelle(n)	*la station-service*
die Feuerwehr	*les pompiers*
der Bahnhof(¨e)	*la gare*
das Hotel(s)	*l'hôtel*
das Schloß(¨sser)	*le château*

➔ ATTENTION : *ne pas confondre avec la serrure* (das Schloß)

das Stadion(dien)	*le stade*
der Markt(¨e)	*le marché*

die Feuerwehr — *les pompiers*

der Parkplatz(¨e)	*le parking*

die Brücke(n)	*le pont*
der Stadtpark(s/e)	*le parc municipal*
der Stadtplan(¨e)	*le plan de la ville*

■ Die Stadt(¨e) : *la ville*

die Großstadt(¨e)	*la grande ville*
die Kleinstadt(¨e)	*la petite ville*
die Altstadt(¨e)	*la vieille ville*
das Viertel(-), der Stadtteil(e)	*le quartier*
der Vorort(e)	*la banlieue*
die Umgebungen	*les environs*
die Pariser Umgebung	*les environs de Paris*
der Stadtbewohner(-)	*le citadin*
der Bürger(-)	*le citoyen*
die Menge	*la foule*
der Fußgänger(-)	*le piéton*
die Fußgängerzone(n)	*la zone piétonne*
der Zebrastreifen(-)	*le passage pour piétons/clouté*
der Fußgängerübergang(¨e)	
die Kreuzung(en)	*le croisement*
der Platz(¨e)	*la place*
überqueren	*traverser la rue*
die Straße(n)	*la rue*
der Bürgersteig(e)	*le trottoir*
die Fahrbahn(en)	*la chaussée*
die Hauptstraße(n)	*la rue principale*
die Gasse(n)	*la ruelle*
der Ring(e)	*le périphérique*

■ Expressions idiomatiques

auf der Straße sein	*être à la rue, sur le pavé*
sein Geld auf die Straße werfen	*jeter l'argent par les fenêtres*
Das ist nicht auf der Straße gefunden.	*Cela ne se trouve pas sous les sabots d'un cheval.*
in, an einer Straße wohnen	*habiter dans une rue*
auf offener Straße	*en pleine rue, sur la voie publique*
über die Straße gehen	*traverser la rue*

27 Deutschland / *L'Allemagne*

1 Complète le dialogue avec les mots suivants.

geboren wohnen in Stuttgart Hamburg Deutsch

T.: Mutti, in welcher Stadt wohnen wir?
M.: Aber Thomas, wir wohnen in ....!
T.: Ja? Und deine Eltern? Wo .... sie?
M.: Sie wohnen .... Lübeck.
T.: Und Vatis Eltern?
M.: Sie wohnen in München. Sie sind aber in Frankfurt ....
T.: Und du? Bist du in Lübeck geboren?
M.: Nein, ich bin in .... geboren.
T.: Und Vati?
M.: Vati ist in Köln geboren.
T.: Deshalb spricht die ganze Familie ein komisches ....!

rappel

- wohnen *ou* geboren sein *impliquent un complément de lieu locatif, introduit, pour un nom de ville, par* in + *le nom de la ville, sans article :*

  Wir wohnen in Hamburg!
  Ich bin in Stuttgart geboren.

- *Retenir les noms de ville allemands suivants :*

Hamburg	*Hambourg*
München	*Munich*
Frankfurt	*Francfort*
Köln	*Cologne*
Bremen	*Brême*
Saarbrücken	*Sarrebrück*
Hannover	*Hanovre*
Dresden	*Dresde*

- *Les plaques d'immatriculation allemandes portent à gauche les initiales des noms de ville, alors que les plaques françaises portent les numéros de département à droite.*

2 Entoure les villes du dialogue sur la carte.

3 Place les noms de ces villes dans la colonne selon leur situation géographique.

Im Norden	Im Süden	Im Osten	Im Westen
....	....	....	....
....	....	....	....

■ Deutschland : *l'Allemagne*

das Land(¨er)	*le pays*
deutsch	*allemand*
der Deutsche, ein Deutscher	*l'Allemand*
die Deutsche, eine Deutsche	*l'Allemande*

die vier Himmelsrichtungen	*les points cardinaux*
der Norden	*le nord*
der Süden	*le sud*
der Osten	*l'est*
der Westen	*l'ouest*
Norddeutschland	*l'Allemagne du Nord*
Süddeutschland	*l'Allemagne du Sud*
Ostdeutschland	*l'Allemagne de l'Est*
Westdeutschland	*l'Allemagne de l'Ouest*
die Bundesrepublik Deutschland	*la République fédérale d'Allemagne*
der Staat(en)	*l'État*
der Bundesstaat	*l'État fédéral*
die Bundesregierung	*le gouvernement fédéral*
regieren	*gouverner*
der Bundeskanzler(-)	*le chancelier fédéral*
der Bundespräsident(en, en)	*le président de la République fédérale*
das Parlament	*le parlement*

Les deux chambres sont der Bundesrat *et* der Bundestag.

das Land(¨er)	*le Land*
die Politik(en)	*la politique*
die Partei(en)	*le parti*

die SPD = die Sozialdemokratische Partei Deutschlands
die CDU = die Christlich-Demokratische Union Deutschlands
die FDP = die Freie Demokratische Partei
die PDS = die Partei des Demokratischen Sozialismus

die Grünen	*les verts*
die Rechte(n, n)	*la droite*
die Linke(n, n)	*la gauche*
wählen	*voter*
der Wähler(-)	*l'électeur*
der Wahlkampf(¨e)	*la campagne électorale*
die Stimme(n)	*la voix*
stimmen für/gegen	*voter pour/contre*

die Mehrheit(en)	*la majorité*
die Minderheit(en)	*la minorité*
die Opposition(en)	*l'opposition*
der Bürger(-)	*le citoyen*
das Volk(¨er)	*le peuple*
die Bevölkerung(en)	*la population*
der Politiker(-)	*l'homme politique*
der Abgeordnete, ein Abgeordneter	*le député*
die Abgeordnete, eine Abgeordnete	*la femme député*
der Minister(-)	*le ministre*
die Ministerin(en)	*la ministre*
das Ministerium(rien)	*le ministère*
der Ministerpräsident(en, en)	*le Premier ministre*
der Staatssekretär(e)	*le secrétaire d'État*
der Bürgermeister(-)	*le maire*

■ Länder

Schleswig-Holstein	*Schleswig-Holstein*
Mecklenburg-Vorpommern	*Mecklembourg-Poméranie antérieure*
Bremen	*Brême*
Hamburg	*Hambourg*
Berlin	*Berlin*
Niedersachsen	*Basse-Saxe*
Brandenburg	*Brandebourg*
Sachsen-Anhalt	*Saxe-Anhalt*
Nordrhein-Westfalen	*Rhénanie du Nord-Westphalie*
Hessen	*Hesse*
Thüringen	*Thuringe*
Sachsen	*Saxe*
Rheinland-Pfalz	*Rhénanie-Palatinat*
Saarland	*Sarre*
Baden-Württemberg	*Bade-Wurtemberg*
Bayern	*Bavière*

■ Expressions idiomatiques

auf gut deutsch	*en bon allemand*
mit jm deutsch reden	*parler allemand avec qn*
Mit dem muß man deutsch reden.	*Il ne faut pas lui mâcher les mots.*

28 Europa / *L'Europe*

1 Complète le dialogue avec les mots suivants.

schwedischen   Fahren   Weihnachten
Nachrichten   Sylt   Postkarte

U.: Katrin, ich habe endlich .... bekommen!
K.: Aber von wem?
U.: Von unseren .... Freunden, selbstverständlich!
K.: Wer sind sie denn?
U.: Du weißt doch, die Leute, die voriges Jahr das Haus auf .... gemietet hatten, ein großes hübsches weißes Haus!
K.: Ach ja! Die sind sie!
U.: Ja, ich hatte ihnen eine .... geschickt. Hier ist die Antwort darauf!
K.: Aber Uschi, du hattest zu .... geschrieben! Bald haben wir Sommerferien!
U.: Das stimmt, aber später ist besser als nie!
K.: Na ja, was schreiben sie denn?
U.: Sie laden uns zu sich im August ein!
K.: Toll! .... wir dorthin!

rappel

- *Attention,* Sylt *est une île. Pour l'expression du locatif, on utilise la préposition* auf + Sylt *(correspondant à un datif) :*

Du weißt doch, die Leute, die voriges Jahr das Haus auf Sylt gemietet hatten...

Cette tournure vaut également pour les autres noms d'îles indiqués dans le vocabulaire.

2 Replace les noms sur la carte.

die Schweiz	Frankreich	Deutschland
Spanien	Portugal	Großbritannien
Italien	Irland	Belgien
die Niederlande	Luxemburg	Österreich

3 Trouve le nom de l'habitant de chaque pays.

1 Spanien	**a** der ....
2 Italien	**b** der ....
3 England	**c** der ....
4 Deutschland	**d** der ....
5 Europa	**e** der ....

WORTSCHATZ

Der Erdteil(e), der Kontinent(e) : *le continent*

Europa	*l'Europe*
Amerika	*l'Amérique*
Afrika	*l'Afrique*
Asien	*l'Asie*
Australien	*l'Australie*
Neuseeland	*la Nouvelle-Zélande*

der Nordpol	*le pôle Nord*
der Südpol	*le pôle Sud*
das Land(¨er)	*le pays*

Norwegen	*la Norvège*
Schweden	*la Suède*
Finnland	*la Finlande*
Dänemark	*le Danemark*
Großbritannien	*la Grande-Bretagne*
England	*l'Angleterre*
Irland	*l'Irlande*
die Niederlande	*les Pays-Bas*
Frankreich	*la France*
Luxemburg	*le Luxembourg*
Belgien	*la Belgique*
Deutschland	*l'Allemagne*
Polen	*la Pologne*
die Europaïsche Union	*l'Union européenne*
die Vereinigten Staaten	*les États-Unis*
unabhängiger Staaten	*la CEI*
Tschechien	*la République tchèque*
RuBland	*la Russie*

Ungarn	*la Hongrie*
Österreich	*l'Autriche*
Rumänien	*la Roumanie*
Bulgarien	*la Bulgarie*
Bosnien	*la Bosnie*
Kroatien	*la Croatie*
Albanien	*l'Albanie*
die Türkei	*la Turquie*
Griechenland	*la Grèce*
Italien	*l'Italie*
Sizilien	*la Sicile*
Korsika	*la Corse*
die Balearen	*les Baléares*
Spanien	*l'Espagne*
Portugal	*le Portugal*
Malta	*Malte*
Kreta	*la Crète*
Andorra	*l'Andorre*
die Schweiz	*la Suisse*
die Slowakei	*la Slovaquie*

Der Einwohner(-) : *l'habitant*

der Europäer(-)	*l'Européen*	europäisch	*européen*
der Amerikaner(-)	*l'Américain*	amerikanisch	*américain*
der Afrikaner(-)	*l'Africain*	afrikanisch	*africain*
der Asiat(en, en)	*l'Asiatique*	asiatisch	*asiatique*
der Andorranern	*l'Andorran*	andorranisch	*andorran*
der Australier(-)	*l'Australien*	australisch	*australien*

der Neuseeländer(-)	*le Néo-Zélandais*	neuseeländisch	*néo-zélandais*
der Norweger(-)	*le Norvégien*	norwegisch	*norvégien*
der Schwede(n, n)	*le Suédois*	schwedisch	*suédois*
der Finne(n, n)	*le Finlandais*	finnisch	*finlandais*
der Däne(n, n)	*le Danois*	dänisch	*danois*
der Brite(n, n)	*le Britannique*	britisch	*britannique*
der Engländer (-)	*l'Anglais*	englisch	*anglais*
der Ire(n, n)	*l'Irlandais*	irisch	*irlandais*
der Niederländer(-)	*le Néerlandais*	niederländisch	*néerlandais*
der Franzose(n, n)	*le Français*	französisch	*français*
der Luxemburger(-)	*le Luxembourgeois*	luxemburgisch	*luxembourgeois*
der Belgier(-)	*le Belge*	belgisch	*belge*
der Deutsche	*l'Allemand*	deutsch	*allemand*
der Pole(n, n)	*le Polonais*	polnisch	*polonais*
der Tscheche(n, n)	*le Tchèque*	tschechisch	*tchèque*
der Slowake(n, n)	*le Slovaque*	slowakisch	*slovaque*
der Russe (n, n)	*le Russe*	russisch	*russe*
der Ungar(n, n)	*le Hongrois*	ungarisch	*hongrois*
der Österreicher(-)	*l'Autrichien*	österreichisch	*autrichien*
der Rumäne(n, n)	*le Roumain*	rumänisch	*roumain*
der Bulgare(n, n)	*le Bulgare*	bulgarisch	*bulgare*
der Bosnier(-)	*le Bosniaque*	bosnisch	*bosniaque*
der Kroate(n, n)	*le Croate*	croatisch	*croate*
der Albanier(-)	*l'Albanais*	albanisch	*albanais*
der Türke(n, n)	*le Turc*	türkisch	*turc*
der Grieche(n, n)	*le Grec*	griechisch	*grec*
der Italiener(-)	*l'Italien*	italienisch	*italien*
der Sizilianer(-)	*le Sicilien*	sizilianisch	*sicilien*
der Korse(n, n)	*le Corse*	korsisch	*corse*
der Spanier(-)	*l'Espagnol*	spanisch	*espagnol*
der Portugiese(n, n)	*le Portugais*	portugiesisch	*portugais*
der Schweizer (-)	*le Suisse*	schweizerisch	*suisse*

29 Die Ferien / *Les vacances*

1 Complète le dialogue avec les mots suivants.

August wandern bezahlen Schweden erholen
Gegend besichtigen baden Berge Rucksack

U.: Also, Katrin, bereiten wir unsere Reise nach ....!
K.: Wann wollen wir dorthin?
U.: .... wäre schön! Dann könnten wir die ...., in die .... fahren...
K.: Gibt es dort Berge?
U.: Ich glaube, ja, sonst wiederholen wir unsere Erdkunde!
K.: Sowieso könnten wir ...., uns ...., ...
U.: Katrin träumt...
K.: Hast du einen Reiseführer? Einen ....?
U.: Nein, wir kaufen welche.
K.: Bist du plötzlich reich geworden?
U.: Nein, ich werde im Juli einen kleinen Job finden, um mir das alles zu ....!
K.: Frag doch zuerst Mutti danach!

rappel

- *Pour traduire le mot « vacances », il faut distinguer entre les vacances non scolaires* (der Urlaub) *et les vacances scolaires* (die Ferien).

- Welche *s'utilise pour traduire « en » :*
  Wir kaufen welche.

- *Revoir les mots du type* danach, *remplaçant* nach + *complément, après* fragen :
  Frag doch zuerst Mutti danach!

2 Relie les mots et leur traduction.

1 la côte
2 la mer
3 la ferme
4 le lac
5 le port

a der Hafen
b die Küste
c der See
d die See
e der Bauernhof

3 Classe les mots suivants dans la colonne qui convient.

die Welle – der Bauer – die Gebirge – der Strand – der Gipfel – der Bauernhof – das Wasser – die Bäuerin – das Tal

1 das Meer	**2** das Land	**3** der Berg
....	....	....
....	....	....
....	....	....

4 Sépare les mots et mets les majuscules si besoin est.

derurlaubsicherholendieferienreisendertourismusderkofferderaufenthaltderflugdergipfeldastalpackendiefahrkartefahrendashoteldiegegenddaslandeinsteigenderzoll

5 Remets les lettres en ordre et ajoute majuscule et article si nécessaire.

1 fhranbae ....
2 eeerrtsiuo ....
3 vkreheenisrvre ....
4 edenesir ....
5 cskkcaur ....

WORTSCHATZ

Die Ferien : *les vacances*

der Urlaub	*les vacances*	sich erholen,	
in Ferien, in Urlaub	*partir en*	sich aus/ruhen	*se reposer*
fahren	*vacances*	die Erholung	*le repos*

Reisen : *voyager*

verreisen (+ sein)	*partir en voyage*	der Zoll	*la douane*
der Reisende,	*le voyageur*	der Zollbeamte,	*le douanier*
ein Reisender		ein Zollbeamter	
die Reise(n)	*le voyage*	der Reisepaß(¨e)	*le passeport*
der Ausland	*l'étranger*	der Ausweis(e)	*la carte*
			d'identité
die Pauschalreise(n)	*le voyage organisé*	die Besichtigung	*la visite*
ins Ausland fahren	*partir à l'étranger*	besichtigen	*visiter*

Der Tourismus : *le tourisme*

der Tourist(en, en)	*le touriste*	die Fahrt(en)	*le trajet*
touristisch	*touristique*	die Abfahrt(en)	*le départ*
der Reiseführer(-)	*le guide*	die Ankunft(¨e)	*l'arrivée*
das Reisebüro(s)	*l'agence*	ab/fahren	*partir*
	de voyages	an/kommen	*arriver*
die Reiseroute(n)	*l'itinéraire*	ein/steigen	
der Verkehrs-	*le syndicat*	(ie, ie + sein)	*monter*
verein(e)	*d'initiative*	aus/steigen	*descendre*
der Koffer(-)	*la valise*	um/steigen	*changer*
der Rucksack(¨e)	*le sac à dos*	die Fahrkarte(n)	*le billet*
seine Fahrkarte lösen	*prendre son billet*		
packen	*faire ses bagages*	der Bahnhof(¨e)	*la gare*
seine Koffer packen,			
ein/packen	*faire ses valises*	die Rückfahrt-	*le billet*
		karte(n)	*aller-retour*
aus/packen	*défaire ses*	der Flughafen(¨)	*l'aéroport*
	bagages/valises	der Flug(¨e)	*le vol*
das Hotel(s)	*l'hôtel*	Der Flug ist ausgebucht.	
der Aufenthalt(e)	*le séjour*	*Le vol est complet.*	

■ In die Berge fahren : *aller à la montagne*

der Berg(e)	*la montagne*	das Tal(¨er)	*la vallée*
das Gebirge	*les montagnes*	die Gegend(en)	*la région*
der Gipfel(-)	*le sommet*		

■ Aufs Land fahren : *aller à la campagne*

auf dem Land wohnen	*vivre à la campagne*	das Dorf(¨er)	*le village*
		der Bauernhof(¨e)	*la ferme*
das Land	*la campagne*		

■ Ans Meer fahren : *aller à la mer*

das Meer(e)	*la mer*	der Atlantik	*l'Atlantique*
die See(n)		der Strand(¨e)	*la plage*
der See(n)	*le lac*	die Küste(n)	*la côte*
das Mittelmeer	*la Méditerranée*	die Welle(n)	*la vague*
die Ostsee	*la mer Baltique*	der Hafen(¨)	*le port*
die Nordsee	*la mer du Nord*	am Strande liegen	*être allongé sur la plage*
der Fluß(¨sse)	*le fleuve*		
fließen(o, o)	*couler*	baden	*se baigner*
der Strom(¨e)	*le grand fleuve, le courant*	segeln	*faire de la voile*
		das Segelboot(e)	*le bateau à voile*
die Brücke(n)	*le pont*	zelten	*camper*
das Ufer(-)	*la rive*	das Zelt(e)	*la tente*
die Insel(n)	*l'île*	der Camping-platz(¨e)	*le terrain de camping*
die Halbinsel(n)	*la presqu'île*		
der Ozean(e)	*l'océan*		

■ Expressions idiomatiques

in Fahrt kommen	*prendre de la vitesse (pr.)/se mettre en train (fig.)*
eine Fahrt ins Blaue	*un voyage surprise, à destination inconnue*
Berge versetzen (können)	*(pouvoir) déplacer des montagnes*
Wir wohnen im Grünen/ wir fahren ins Grüne	*Nous habitons à la campagne/ Nous allons nous promener à la campagne.*
über Berg und Tal wandern	*aller par monts et par vaux*
goldene Berge versprechen	*promettre monts et merveilles*
Mir stehen die Haare zu Berge.	*Les cheveux se dressent sur ma tête.*
noch nicht über den Berg sein	*ne pas avoir encore fait le plus difficile*

30 Die Post / *Le courrier*

1 Complète le dialogue avec les mots suivants.

Brief *erhalten* *schreibe* *Freunde*
Mail *Bescheid* *liebe Grüße*

U.: Ich .... meinen Freunden einen ...., oder eine ...., um ihnen .... zu sagen. Wir erklären ihnen, was wir vorhaben.

K.: Ich schreibe den Brief, wenn du willst :
Liebe ....,
Heute haben wir Euren Brief .... Wir freuen uns auf Eure Einladung und werden gerne zu Euch fahren. Wir werden im August kommen, wenn es Euch gefällt. Wir wollen mit dem Zug fahren. Sagt uns bitte, ob es möglich ist, damit wir uns so bald wie möglich unsere Fahrkarten lösen.
Viele .... senden Euch
Katrin und Uschi.

U.: Danke, Katrin.

rappel

- *Pour écrire une lettre, on commence par* lieb-, *décliné en fonction de la personne :*

  Liebe Freunde, lieber Ralf, liebe Anja

- *Pour terminer la lettre, pour des amis, on peut mettre :*

  Viele liebe Grüße — *Amitiés*
  Dein/Ihr — *ton/votre*

- *Pour une lettre d'un style moins libre :*

  Mit freundlichen Grüßen

2 Traduis les mots suivants.

une lettre ....
un paquet ....
un timbre ....
un facteur ....

3 Trouve dans le vocabulaire :

– *trois mots avec* Post-

....

....

....

– *trois mots avec* Brief-

....

....

....

– *trois mots qui ont trait à ce qui peut être adressé*

....

....

....

– *trois mots concernant le libellé de l'enveloppe*

....

....

....

4 Sépare les mots et rétablis les majuscules si besoin est.

derbriefträgerderbriefdiebriefmarkedaspaketdiepostdereilbriefsendenschickenerhaltenbekommendieadresse

....
....
....
....
....
....

■ Der Brief(e) : *la lettre*

➲ <u>ATTENTION</u> : *La lettre (le caractère d'imprimerie)* = der Buchstabe(n)

der kleine Buchstabe *la minuscule* der große Buchstabe *la majuscule*

der Eilbrief(e)	*la lettre express*
die Postkarte(n), die Ansichtskarte(n)	*la carte postale*
das Telegramm(e)	*le télégramme*
die Postanweisung(en)	*le mandat*
der Briefträger(-)	*le facteur*
aus/tragen (ä, u, a)	*distribuer (le courrier)*
schicken, senden	*adresser*
bekommen, erhalten	*recevoir*
datieren	*dater*
die Postsendung(en)	*l'envoi postal*
die Post	*le courrier*
das Postamt(¨er)	*le bureau de poste*
der Postbeamte/ein Postbeamter	*l'employé de la poste*
der Postbriefkasten	*la boîte aux lettres*
die Luftpost	*la poste aérienne*
die Briefmarke(n)	*le timbre*
eine Briefmarke zu 1 Euro	*un timbre à 1 euro*
der Umschlag(¨e)	*l'enveloppe*
das Paket(e)	*le paquet*
das Paket ist eingetroffen	*le paquet est arrivé*
die Antwort(en)	*la réponse*
die Adresse(n), die Anschrift(en)	*l'adresse*
seine Adresse lautet…	*son adresse est…*
das Wort(¨er)	*le mot*

➲ <u>ATTENTION</u> : *Ne pas confondre avec* das Wort(e) = *la parole*

Die elektronische Post/ die electronic Mail	*le courrier électronique*
Der Server(-)	*le serveur*
Der Briefwechsel	*l'échange épistolaire par courrier électronique*
Der Schalter(-)	*le guichet*
Das Postfach(¨e)	*la boîte postale*
der Absender(-)	*l'expéditeur*
der Empfänger(-)	*le destinataire*

■ Expressions idiomatiques

etwas in den Wind / Rauch schreiben	*écrire qc en l'air*
Es steht ihm an der Stirne geschrieben	*C'est écrit sur sa figure.*
Schreib es dir hinter die Ohren!	*Tiens-le toi pour dit !*

CORRIGÉS

1 Kontaktaufnahme / *Prise de contact*

1 Katrin **geht** mit ihrer Schwester Uschi **aus**. Es ist Samstag **morgen** und das Wetter ist nicht sehr schön. Plötzlich **trifft** Katrin Thomas auf der **Straße**. Uschi und Thomas **kennen** sich nicht. Katrin **stellt** Uschi Thomas **vor**:

K.: **Guten Tag,** Thomas!
T.: **Guten Tag,** Katrin!
K.: Thomas, **hier ist** Uschi, meine Schwester! Uschi, hier ist Thomas, ein Schulkamerad von mir.
T.: **Guten Tag,** Uschi!
U.: **Guten Tag,** Thomas!

2 Katrin geht mit ihrer Schwester Uschi aus.
Es ist Samstag morgen.
Guten Tag, Katrin!
Thomas, hier ist Uschi, meine Schwester!

3
1 Uschi und Thomas kennen sich nicht.
2 Guten Tag, Uschi!
3 Uschi, hier ist Thomas, ein Schulkamerad von mir.
4 Und das Wetter ist nicht sehr schön.

4
1 Ich bin ein Schulkamerad von Katrin.
2 Uschi ist meine Schwester.
3 Thomas, hier ist Uschi!
4 Uschi kennt Thomas nicht.

5
1 Plötzlich **trifft** Katrin Thomas **auf der** Straße.
2 Thomas und Katrin geh**en** in **die**selbe Schule und **sind** in **der**selben Klasse.
3 Uschi **ist die** Schwester **von** Katrin und Thomas ein Schulfreund **von** Katrin.
4 Es **ist** Samstag morgen und **das** Wetter **ist nicht** sehr schön.

6
1 d sich treffen
2 c guten Tag
3 f meine Schwester
4 e Montag
5 h ausgehen
6 g Mittwoch
7 a ein Schulfreund
8 b vorstellen

2 Wer bist du? / *Qui es-tu ?*

1 *Katrin* ***stellt*** *Uschi Thomas* ***vor****.*

K.: Uschi, es ist Thomas. Sie ist zwölf.
U.: Katrin, es ist aber kein **Mädchen**, es ist ein **Junge**! ER ist zwölf!
K.: Jawohl, Uschi, richtig! Heute morgen **bin** ich noch nicht wach!
U.: Ich bin **acht einhalb**, fast neun und Katrin ist zwölf! Katrin ist also drei Jahre **älter** als ich!
T.: Katrin, ich lade dich nächsten Samstag zu meinem **Geburtstag** ein! Du kannst auch mitkommen, Uschi!
K.: Ich habe aber vergessen, wo du **wohnst**. Wo wohnst du denn?
T.: **Mozartstraße** 3. Meine **Telefonnummer** ist: 456612.
K.: Moment, ich schreibe sie auf: vier, fünf, sechs, sechs, eins, zwei. In Ordnung.

2
1 30: dreißig
2 90: neunzig
3 46: sechsundvierzig
4 9: neun
5 19: neunzehn

3
1 d Er wohnt Mozartstraße 3.
2 a Er ist zwölf.
3 e Sie ist fast neun.
4 b Sie hat vergessen, wo Thomas wohnt.
5 c Katrin schreibt die Telefonnummer von Thomas auf.

4
1 der Tag
2 dreißig
3 vergessen

5
1 der Junge
2 das Mädchen
3 die Frau
4 der Geburtstag
5 der Tag
6 die Woche
7 die Telefonnummer
8 die Adresse

6
1 Moment, ich schreibe sie auf: vier, fünf, sechs, sechs, eins, zwei. In Ordnung.
2 Ich bin acht einhalb, fast neun und Katrin ist zwölf!
3 Katrin, es ist aber kein Mädchen, es ist ein Junge!
4 Katrin ist also drei Jahre älter als ich!
5 Katrin, ich lade dich nächsten Samstag zu meinem Geburtstag ein!

3 Wie geht's? / *Comment vas-tu ?*

1 **T.:** Ich möchte Karl besuchen. **Ihm geht's** eben nicht so **gut**. Er ist seit zwei Tagen **krank** und bleibt den ganzen Tag **im Bett liegen**.
K.: Das ist aber Pech! Hoffentlich geht's ihm bald **besser**! Und **Vorsicht**! Vielleicht wirst du auch krank!
T.: ... So wird er mich nicht **anstecken** können!
U.: Was **hat** er aber? Gestern **sah** er so gut **aus**!
T.: Ich weiß es nicht. Er hat **Fieber** und **Schmerzen** am ganzen Körper. Der **Arzt** soll ihn heute nachmittag besuchen.

2

Adjectif	**Adverbe**	**Substantif**	**Verbe**
krank	gestern	der Morgen	aussehen
schmerzlich	vielleicht	der Besuch	besichtigen
	hoffentlich	das Fieber	haben
	heute	die Schmerzen	gehen

3
1 krank
2 die Ansteckung
3 die Angst
4 liegen
5 der Schmerz

4
1 Es ist doch fast halb zwölf und es ist so wolkig.
2 Thomas, was machst du denn hier so spät am Morgen bei dem Wetter?
3 Er ist seit zwei Tagen krank und bleibt den ganzen Tag im Bett liegen.
4 Der Arzt soll ihn heute nachmittag besuchen.
5 Er hat Fieber und Schmerzen am ganzen Körper.

5

Masculin	**Féminin**	**Neutre**
der Tag	die Krankheit	das Bett
der Besuch	die Vorsicht	
der Arzt		

6
1 die Freundin
2 die Nachbarin
3 die Schülerin
4 die Kollegin
5 das Mädchen

7
1 gut
2 Bett
3 schlecht
4 aussehen
5 krank
6 Schmerz
7 liegen
8 Fieber
9 Vorsicht

8

Der Schmerz	la douleur	Das Fieber	la fièvre
Das Leid	la peine	Der Besuch	la visite
Die Gesundheit	la santé	Die Vorsicht	la prudence
Die Krankheit	la maladie		

4 Das Aussehen / *L'aspect extérieur*

1 **T.:** Katrin, **kennst** du meinen Freund Otto?
K.: Ist er in deiner Klasse?
T.: Nein, das ist mein **Nachbar**. Hast du ihn schon **gesehen**?
K.: Vielleicht, sag mir aber, wie er **aussieht**! Dann sage ich dir, ob ich ihn **kenne** oder nicht.
T.: Er ist etwas **älter** als ich, er ist **dicker** und auch **größer**, mit einem **dicken** Bauch. Er hat **braune** Haare, blaue **Augen**, eine **kleine** Nase, breite **Ohren**, genauso wie ich!
K.: Aber nein Thomas, so siehst du auch nicht aus! Du hast blonde **Haare, braune** Augen, eine große **Nase, kleine** Ohren und du bist ziemlich **klein** und **dünn**!
T.: Aber nein, Katrin!
K.: Beschreib dich, Thomas, aber vorher **schau** dich im Spiegel **an**!
T.: Alles gut, Katrin, wenn du es sagst; ich dachte doch...

2 **1** die Haare **2** die Stirn **3** das Auge **4** die Nase
5 der Mund

3 **1** Du **hast** blond**e** Haar**e**, braun**e** Aug**en**, ein**e** groß**e** Nase, klein**e** Ohr**en**, und du bi**st** ziemlich klein und dünn.
2 Er i**st** etwas ält**er** als ich, er i**st** größ**er** und auch dick**er**, mit ein**em** dick**en** Bauch.
3 I**st** er in dein**er** Klasse?
4 Dann sag**e** ich d**ir**, ob ich ih**n** kenn**e** oder nicht.
5 Ha**st** du ihn schon geseh**en**?

4 **1** Er hat braune Haare, blaue Augen, eine kleine Nase, breite Ohren, genauso wie ich!
2 Du hast blonde Haare, braune Augen, eine große Nase, kleine Ohren und du bist ziemlich klein und dünn!
3 Beschreib dich, Thomas, aber vorher schau dich im Spiegel an!
4 Katrin, kennst du meinen Freund Otto?

5 **1** Ich bin groß und dünn.
2 Seine Augen sind klein und seine Nase ist groß.
3 Otto ist dein Nachbar.
4 Ich bin jünger als er, ich bin auch größer und dicker.

5 Mein Körper / *Mon corps*

1 **U.:** Thomas, ich will dich zeichnen!
T.: Zuerst also meinen **Kopf**! Einen **runden** Kopf!
U.: Mit zwei **runden** Augen, einer **langen** Nase, einem roten **Mund**, roten **Wangen**, braunem Haar! **Groß, dick**, so bist du!
T.: Uschi, Katrin **beschreibt** mich überhaupt nicht so! Ich soll braune Augen, blonde Haare, eine große Nase, kleine Ohren haben, klein und dünn sein!
U.: Macht nichts! So zeichne ich dich! Mit zwei langen **Armen**, langen **Beinen**, großen **Händen** und **Füßen**, einem dicken **Hals**!
T.: So sehe ich wie ein Monster aus! Bin ich wirklich so **häßlich**?
U.: Schwer zu sagen. Häßlich vielleicht nicht, schön aber nicht!
T.: Danke, Uschi, für das Porträt!

2

1 die Haare
2 der Arm
3 die Hand
4 der Finger
5 der Bauch
6 der Daumen
7 das Bein
8 der Fuß
9 die Zehe
10 der Rücken
11 das Gesäß

3

1 schwer	≠	leicht
2 breit	≠	schmal
3 lang	≠	kurz
4 klein	≠	groß
5 dünn	≠	dick

4

der	**die**	**das**
Arm	Schönheit	Bein
Hals	Länge	

5

1 der Freund	**f**	l'ami
2 die Schule	**a**	l'école
3 der Besuch	**e**	la visite
4 der Arzt	**b**	le docteur
5 Mittwoch	**d**	mercredi
6 der Tag	**c**	le jour

6 Die Kleidung / *Les vêtements*

1

T.: Aber Otto, **zieh** dich doch **an**!
O.: Was ist aber los mit mir?
T.: Du hast doch deinen **Schlafanzug** an!! **Sieh** dich doch **an**!!
O.: Du hast aber recht, Thomas! Ich bin ja noch nicht wach!
Sie gehen zu Otto.
O.: Hier ist meine **Jeans**. Wo ist denn mein **T-Shirt**?
T.: Dort! Den sehe ich! Dein **Pulli** ist doch schmutzig!
O.: Gib bitte! Die Jeans sitzt mir nicht gut, die ist zu breit! Ist die nicht meine!
T.: Welche **Größe** hast du? Ich habe Größe 36.
O.: Ich habe Größe 34. Ich suche noch meine **Strümpfe**.
T.: Jetzt hast du alles an! Dein T-Shirt, deine Jeans, deinen Pulli! Los!

2

1 die Schirmmütze
2 das Hemd
3 der Blouson
4 die Hose
5 die Schuhe
6 der Mantel
7 der Pulli
8 der Rock
9 die Stiefel

3

J	E	A	N	S	K	R	D
M	A	N	T	E	L	Q	E
R	O	C	K	H	E	M	D
A	B	A	K	P	I	P	S
T	H	O	S	E	D	S	F

4

1 la jupe — **c** der Rock
2 le pantalon — **e** die Hose
3 la robe — **a** das Kleid
4 le vêtement — **b** die Kleidung
5 le manteau — **d** der Mantel

5

1 geben
tragen
anziehen

2 der Schuh
der Stiefel
die Hose

3 die Hose
die Jeans
das Kleid

4 das T-Shirt
der Schuh
der Pulli

7 Meine Familie / *Ma famille*

1 **O.:** Thomas, ich stelle dir meine **Mutter** vor.
T.: Guten Tag, Frau Schmidt!
F.S.: Hallo, Thomas!
O.: Mein **Vater** ist jetzt nicht zu Hause. Mein **Bruder** Peter ist auch aus. Meine Schwester Olga macht ihre Hausaufgaben in ihrem Zimmer. Meine **Großeltern** machen Urlaub.
T.: Meine **Eltern** kennst du doch, Otto. Zur Zeit verreisen sie durch Amerika. Meine Schwestern und ich bleiben hier mit meinen Großeltern. Meine **Tante** und mein Onkel wohnen in der Nähe. Meine **Cousins** studieren aber nicht hier, sondern in Hamburg.
O.: Cousins, Tante und Onkel habe ich nicht. Welches Glück hast du!
T.: Weißt du, Otto, meine Cousins sind viel älter als ich, älter noch als meine **Schwestern**. Mit ihnen kann ich doch nicht spielen! Es ist überhaupt nicht so toll!

2
1. Peter ist der **Bruder** von Otto.
2. Olga ist die **Schwester** von Otto.
3. Karl und Emma sind die **Großeltern** von Anna.
4. Oliver und Brigitte sind die **Eltern** von Olga.
5. Anna und Daniel sind die **Cousins** von Peter.
6. Hans ist der **Vater** von Anna und Daniel.
7. Karin ist die **Mutter** von Anna und Daniel.
8. Oliver ist der **Onkel** von Anna und Daniel.
9. Karin ist die **Tante** von Olga.
10. Olga, Otto und Peter sind die **Enkelkinder** von Karl und Emma.
11. Karl ist der **Großvater** von Anna und Daniel.
12. Emma ist die **Großmutter** von Anna und Daniel.

3

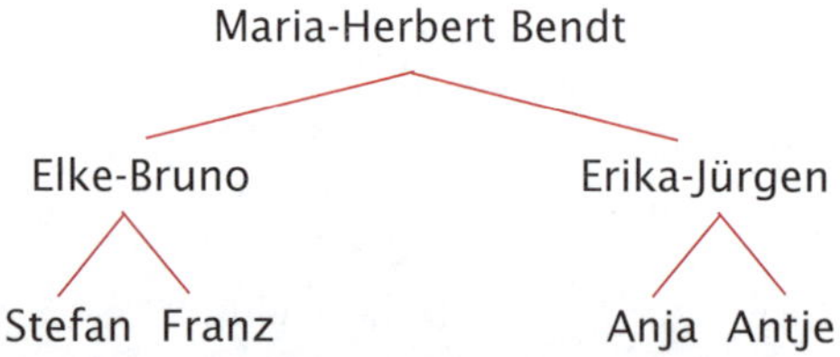

Stefan und Franz sind Brüder. Anja und Antje sind Schwester.
Stefan und Franz sind die Cousins von Anja und Antje. Erika ist die Tante von Stefan und Franz. Erika ist Brunos Schwester.
Bruno ist der Sohn von Maria und Herbert Bendt.

8 Freunde / *Les amis*

1 **M.:** Otto, ist Thomas ein Schulfreund von dir? Oder nur ein **Bekannter**?
O.: Thomas wohnt ganz in der Nähe. Das ist unser **Nachbar**. Ich habe ihn letzte Woche **kennengelernt.** Er ist da zu Besuch, weil ich ihn gerade **eingeladen** habe.
M.: Er ist also ein neuer **Freund** von dir! Wie schön! Kennst du auch seine Eltern?
O.: Ja, sie sind aber zur Zeit in Urlaub. Vielleicht können wir sie nach ihrer Rückkehr einladen.
T.: Ich werde ihnen von Ihnen sprechen, Frau Schmidt! Sie werden sich freuen, ihre Nachbarn besser zu kennen und vielleicht werden sie Sie zu uns einladen!
M.: Otto, **verstehst** du **dich** gut **mit** Thomas? Biete ihm an, mit der ganzen Familie zu uns zu kommen!
T.: Danke, Frau Schmidt, das ist aber prima! Sie dürfen aber auch uns gerne **besuchen**.
O.: Super! Hurra! Nächste Woche machen wir das!
T.: Moment, Otto, meine Eltern sind noch nicht da!

2

E	F	N	A	C	H	B	A	R
I	F	F	T	T	S	B	I	M
N	R	R	B	E	S	U	C	H
L	S	U	E	E	R	T	I	L
A	B	E	S	U	C	H	E	N
D	S	K	E	N	N	E	N	K
E	W	O	C	D	K	D	E	J
N	E	H	E	T	S	R	E	V
O	P	T	U	R	A	C	D	F

3

1 einladen — **c** inviter
2 besuchen — **e** rendre visite
3 der Freund — **a** l'ami
4 kennenlernen — **d** faire la connaissance de
5 der Nachbar — **b** le voisin

4 **1** Otto kennt Thomas seit langem. **F**
2 Thomas lernt Ottos Familie kennen. **R**
3 Ottos Mutter hatte schon Thomas gesehen. **F**
4 Thomas Eltern sind zu Hause. **F**
5 Ottos Mutter lädt Thomas' Eltern zu Hause ein. **R**

5

1	**2**	**3**
der Feind	lieben	besuchen
kennen	sich gut verstehen	einladen
kennenlernen	gern haben	der Gast
der Freund	der Nachbar	der Herr

6 **1** Vielleicht können wir sie nach ihrer Rückkehr einladen.
2 Er ist also ein neuer Freund von dir.
3 Sie dürfen aber auch uns gerne besuchen.
4 Kennst du auch seine Eltern?
5 Thomas wohnt ganz in der Nähe.

9 Mein Haus / *Ma maison*

1 **O.:** Thomas, komm, ich zeige dir mein Haus. Wir beginnen mit dem Besuch. Hier ist das **Wohnzimmer**, mit Kamin, das **Eßzimmer**, links, die **Küche**, rechts.
T.: Mensch, das ist aber groß! Wieviel **Stockwerke**?
O.: Zwei, plus Keller und **Dachboden**. Jetzt, die **Treppe** hinauf! Oben gibt es mein Zimmer, Olgas und Peters Zimmer, das **Schlafzimmer** meiner Eltern. Wir haben drei **Badezimmer**, eines für meine Eltern, eines für Olga und eines für Peter und mich. **Toiletten** gibt es oben und unten.
T.: Hat dein Vater ein **Arbeitszimmer** irgendwo?
O.: Ja, klar, oben!
T.: Und hast du eine **Garage**?
O.: Ja, natürlich, eine Doppelgarage sogar. Wir haben nämlich zwei Wagen.
T.: War das Haus schon so groß, als ihr angekommen seid?
O.: Nein, seitdem wir **umgezogen** sind, haben wir das Haus vergrößert und **umgebaut**.
T.: Deinen **Garten** habe ich schon von zu Hause aus gesehen. Der ist auch groß!

2 **1** Das Haus ist groß.
2 Es gibt einen Garten, der ist groß.
3 Sie besitzen zwei Wagen.
4 Ja, das ist eine Doppelgarage.
5 Zwei, plus Keller und Dachboden.

3

1 das Dach	**5** die Küche	**9** der Eintritt
2 der Dachboden	**6** das Eßzimmer	**10** der Gang
3 der Keller	**7** das Schlafzimmer	**11** die Treppe
4 die Garage	**8** das Badezimmer	**12** die Toilette

4

1 Wo nimmt man ein Bad?	**c** Im Badezimmer.
2 Wo schlafen wir?	**d** Im Schlafzimmer.
3 Wo befinden sich die Wagen?	**b** In der Garage.
4 Wo bereitet man die Speisen auf?	**a** In der Küche.
5 Wo bewahrt man die Lebensmittel?	**e** Im Keller.

5 **1 das Schlafzimmer**
das Bett
der Fernsehapparat
der Schrank
der Nachttisch
der Teppich

2 das Badezimmer
die Badewanne
das Waschbecken
der Spiegel
der Wasserhahn
das Handtuch

3 die Küche
die Spülmaschine
das Spülbecken
der Stuhl
der Tisch
der Kühlschrank

6 **1** das Fenster
2 der Vorhang
3 die Wand
4 die Tür
5 die Klinke
6 der Teppich
7 der Fußboden
8 die Decke

7

1	Man parkt in der Garage.	**R**
2	Man wäscht sich im Eßzimmer.	**F**
3	Man badet in der Küche.	**F**
4	Man kocht im Badezimmer.	**F**
5	Man ißt im Eßzimmer.	**R**

8 Der Dachboden
das Schlafzimmer
die Stockwerke *(pluriel)*
der Hausmeister
der Schornstein
der Fahrstuhl
das Hochhaus
der Eintritt

10 Blumen und Bäume / *Les fleurs et les arbres*

1 **T.:** Mit einem so großen Garten müssen deine Eltern einen **Gärtner** haben!

O.: Nein, wir sind die Gärtner. Pflanzen, **Blumen** und Bäume haben wir in Hülle und Fülle. Und wenn alles in **Blüte** steht, riecht der Garten so gut!

T.: Was für **Obstbäume** hast du?

O.: Apfelbäume, Kirschbäume und Pflaumenbäume.

T.: Das schmeckt aber gut, Äpfel, Kirschen und Pflaumen!

O.: Warte mal, die sind noch nicht **reif**! Du kannst sie aber nicht essen!

T.: Ja, ja, ich warte schon. Im **Gras** sehe ich Veilchen und **Nelken**. Die **Rosen duften** schön.

O.: Du kennst dich darin gut aus! Willst du unser Gärtner sein?

T.: Nein, danke.

O.: Das war bloß ein Spaß! Leider ist der **Flieder** jetzt **ausgeblüht**. Die Tulpen sind schon lange **verwelkt**.

2

1	**2**	**3**
der Garten	die Tulpe	der Orangenbaum
das Haus	die Rose	der Zitronenbaum
der Gärtner	das Veilchen	der Flieder
pflanzen	der Stamm	der Kirschbaum

3 **1** BLUME
2 PFLANZE
3 GARTEN
4 ROSE
5 BLAU

4 **1** der Zweig **2** das Laub (die Blätter) **3** der Stamm **4** die Wurzel

5 **1** die Mohnblume — **d** le coquelicot
2 der Stamm — **c** le tronc
3 ausblühen — **a** faner
4 pflücken — **d** cueillir

11 Vögel / *Les oiseaux*

1 **T.:** Du kannst auf deinen Garten stolz sein!
O.: Und wie! Das ganze Jahr hindurch kann ich **Vögel** singen hören: den **Kuckuck**, den Uhu und die **Nachtigall.**
T.: Ich träume davon, eine Nachtigall **singen** zu hören!
O.: Dann lade ich dich dazu ein.
T.: Bist du verrückt! Mitten in der Nacht? In deinem Garten?
O.: Ja, klar. Am Tag kannst du auch zu mir kommen, die Nachtigall wirst du aber nicht singen hören. Jedoch siehst du dann Amseln, **Elstern**, Meisen und Raben vor allem. Die suchen **Futter**. Jederzeit.
T.: Danke, mache ich. Im Sommer. Hast du **Haustiere**, einen Hund oder eine Katze? Katzen sieht man in jedem Garten hier.
O.: Ja. Meine Katze heißt Mieze. Nachts hört sie auch gern die Nachtigall bei vollem Mond singen, wenn die Luft draußen warm ist.
T.: Was für ein Dichter bist du!

2 **1** fliehen **2** die Katze **3** nisten **4** halten

3 **1** der Kuckuck **2** der Uhu **3** die Lerche **4** der Adler **5** der Pinguin

4 **1** die Taube
2 der Papagei
3 der Storch
4 der Spatz
5 die Nachtigall
6 die Möwe
7 der Pfau
8 der Rabe
9 der Schwan

N	I	S	T	R	C	L	M	N	O
A	F	T	R	T	A	U	B	E	F
C	S	I	P	A	P	A	G	E	I
H	H	C	R	O	T	S	I	A	G
T	A	M	H	D	B	C	G	A	R
I	O	Ö	E	W	R	A	H	L	E
G	P	W	S	P	A	T	Z	P	B
A	Q	E	I	F	B	N	N	O	A
L	S	S	J	A	E	O	N	U	R
L	Q	K	L	U	S	O	P	T	T

5 **1 b** le corbeau **2 c** le hibou **3 c** l'aigle **4 c** l'hirondelle

6 **1** der Schnabel **2** die Feder **3** der Flügel **4** der Kopf

7 Die Elster schwarz/weiß
Der Schwan weiß/schwarz
Der Pinguin weiß/schwarz
Der Papagei bunt, rot, blau, gelb, grün, grau
Der Pfau bunt, rot, blau, gelb, grün
Der Storch weiß/schwarz
Die Möwe weiß/schwarz
Der Rabe schwarz

12 Farben / *Les couleurs*

1

K.: Uschi, zieh dich an! Zieh deinen **blauen** Rock an!
U.: Ja, gerne, den hellblauen oder den **dunkel**blauen?
K.: Wie du willst. Was für eine Bluse hast du?
U.: Eine **weiße**. Sie **paßt** zum hellblauen oder zum dunkelblauen Rock, das ist egal!
K.: Vergiß nicht deine Söckchen! Hast du blaue oder weiße?
U.: Beides. Ich ziehe auch meine blaue Jacke an, denn es ist heute kalt. Dann ist alles **Ton** in Ton! Aber du, was hast du für **Farben** an? Grün und **gelb**!
K.: Na und? **Grelle** Farben mag ich!
U.: Das kann man sagen!

2

1 indigo
2 violett
3 blau
4 grün
5 gelb
6 orange
7 rot

3

1 ROT
2 GELB
3 GRÜN
4 BLAU
5 WEIß
6 SCHWARZ

4 gelb / rosa / blau / rot / beige / braun / grau / weiß / schwarz / grün / orange / lila / violett

13 Wie spät ist es? / *Quelle heure est-il ?*

1 **M.:** Katrin, Katrin, wach doch auf!
K : Mm, Mm!
M.: Katrin, steh auf!
K : Ja, ja... Was ist los?
M.: Katrin, gehst du heute zur Schule?
K : Ja, klar.
M.: Dann **schnell**, Katrin! Dein Frühstück ist fertig!
K : Danke, Mutti. Wie spät ist es?
M.: Es ist **halb** acht!
K : Mensch, das ist aber **spät**! Kein Frühstück. Ich habe nur die **Zeit**, mich sehr schnell anzuziehen und **sofort** in die Schule zu gehen!
M.: Warum?
K : Mutti, du weißt es doch, die Schule beginnt **um** acht. Ich brauche nur fünf Minuten zu Fuß.
M.: Also schnell, Katrin!

2 **1** Es ist zwei Uhr.
2 Es ist fast halb zwei.
3 Es ist Viertel vor zwei. / dreizehn Uhr fünfundvierzig.
4 Es ist zehn Minuten nach zwei.
5 Es ist halb zwei. / dreizehn Uhr dreißig.
6 Es ist fünf Minuten vor zwei. / dreizehn Uhr fünfundfünfzig.
7 Es ist dreizehn Uhr fünfunddreißig.
8 Es ist fünfundfünfzig Minuten vor zwei.

3 **1** 9 h 15 **2** 9 h 45 **3** 3 h 00 **4** 3 h 30 **5** 24 h 00

4

1 Um sieben Uhr	**b** gehe ich zur Schule.
2 Um halb sieben	**c** stehe ich auf.
3 Um Mittag	**a** esse ich.
4 Um drei Uhr nachmittags	**e** treibe ich Sport.
5 Um sieben Uhr nachmittags	**d** gehe ich aus.

5

1 le matin	**c** der Morgen
2 la nuit	**a** die Nacht
3 le jour	**b** der Tag
4 l'après-midi	**e** der Nachmittag
5 le soir	**d** der Abend

14 Feiertage/ *Les jours fériés*

1 **K.:** Mutti, keine Angst. Ich habe mich geirrt. Heute ist **Sonntag**! Dann bleibe ich im Bett liegen!
M.: Oh ja, das stimmt! Verzeihung, Katrin!
K.: Mutti, jetzt bin ich total wach. Nächsten Sonntag ist **Ostern**.
M.: Dann kommt der **Osterhase**!
K.: Mutti, du weißt es doch, es gibt keinen Osterhasen!
M.: Doch, er bringt **Ostereier** mit.
K.: Mutti, du bringst Ostereier mit und versteckst sie im Garten.
M.: Du hast recht, Katrin, sag aber nichts! Das ist ein Geheimnis!
K.: Ich bleibe stumm.
M.: Heute ist also **Palmsonntag**!

2
1 JANUAR
2 JUNI
3 DEZEMBER
4 AUGUST
5 OKTOBER
6 MÄRZ
7 SEPTEMBER
8 JULI
9 APRIL
10 FEBRUAR
11 NOVEMBER
MAI

3

1	**2**	**3**	**4**
Januar	April	Dezember	Juni
Mai	Mai	November	Juli
März	März	Oktober	September
Februar	Juni	September	August

4
1 le siècle — **e** das Jahrhundert
2 le millénaire — **c** das Jahrtausend
3 la décennie — **f** das Jahrzehnt
4 l'année — **b** das Jahr
5 le mois — **d** der Monat
6 la semaine — **e** die Woche

5 Montag / Dienstag / Mittwoch / Donnerstag / Freitag / Samstag / Sonntag / Januar / Februar / März / April / Mai / Juni / Juli / August / September / Oktober / November / Dezember / Winter / Frühling / Sommer / Herbst

15 Geburtstagsfeier / *Fête d'anniversaire*

1

T.: Morgen, Mutti.
M.: Morgen, Thomas.
T.: Heute ist kein normaler Tag. Heute ist mein **Geburtstag**.
M.: So steh jetzt auf! Schnell! Nichts ist fertig!
T.: Wo ist mein **Geburtstagskuchen**?
M.: Dein Geburtstagskuchen? Es gibt keinen!
T.: Wie bitte? Es gibt keinen?
M.: Ja. Back ihn selbst!
T.: In Ordnung! Habe ich **Geburtstagskarten** bekommen?
M.: Noch nicht. Es ist zu früh. Wieviel Freunde hast du **eingeladen**?
T.: Zwölf. Und ich bin heute zwölf!
M.: Also gut. Das Haus wird voll!

2

1 Thomas ist bald zwölf.	**F**
2 Thomas ist ein Junge.	**R**
3 Thomas hat zwanzig Freunde zu seinem Geburtstag eingeladen.	**F**
4 Thomas ist fast ein Mann.	**F**
5 Thomas Mutter ist eine Erwachsene.	**R**

3

1 das Geschenk	**d** le cadeau
2 die Kerze	**e** la bougie
3 der Kuchen	**a** le gâteau
4 das Baby	**f** le bébé
5 der Junge	**c** le garçon
6 das Mädchen	**b** la fille

4 Heute ist...

19 / 04 / 1997	der 19. April 1997
25 / 12 / 1998	der 25. Dezember 1998
7 / 06 / 1999	der 7. Juni 1999
20 / 09 / 2000	der 20. September 2000

5

1 der 25. Dezember – **b** Weihnachten
2 der 3. Mai – **c** Thomas Geburtstag
3 der 1. Januar – **e** der Silvesterabend
4 der 1. November – **a** Allerheiligen
5 der 3. Oktober 1990 – **d** der Tag der deutschen Einheit

6

1 der Geburtstag
die Frau
der Kuchen
die Kerze

2 das Datum
das Alter
der Kalender
der Tag

3 das Kind
der Greis
der Sohn
das Mädchen

4 Januar
die Jahreszeit
der Winter
der Sommer

16 In der Schule / *À l'école*

1 **M.:** Karl, **schnell** mit dem Frühstück!
K.: Aber Mutti, ich habe meine Milch noch nicht getrunken!
M.: **Schluß**, es ist **Zeit** zu gehen!
K.: Mutti, ich habe mein Brot noch nicht gegessen!
M.: Du mußt aber **jetzt** zur Schule!
K.: Ja, ja. Heute schreibe ich in der ersten Stunde eine **Mathearbeit**.
M.: **Paß** also **auf**!
K.: Kein Problem. Dann **schreibe** ich eine Geschichtsarbeit.
M.: Schön!
K.: Dann schreibe ich eine Deutscharbeit!
M.: Was für ein Tag! Ich drücke dir den Daumen!
K.: Danke, Mutti. Tschüss!

2
1 die Tafel
2 der Schüler
3 der Lehrer
4 die Landkarte
5 der Globus
6 die Schulmappe
7 das Pult
8 die Kreide

3
1 das Fach, die Klasse, Englisch, Geschichte
2 die Klasse, der Lehrer, der Morgen, der Schüler
3 der Schüler, die Klasse, die Schule, das Schulwesen

4
das Heft
der Bleistift
das Lineal
das Federmäppchen
der Anspitzer
der Gummi
der Füller
der Zirkel
der Taschenrechner

5
1 Um zu zeichnen braucht ein Schüler **Bleistifte**.
2 Um zu malen brauche ich **Pinsel**.
3 Um zu schreiben brauchen wir einen **Kuli**.
4 Um in die Schule zu gehen, braucht ihr eine **Schulmappe**.
5 Um an die Tafel zu schreiben, brauchen sie eine **Kreide**.

6
Sport = Sport
Musique = Musik
Maths = Mathematik
Dessin = Zeichnen
Sciences = Sachwissenschaft
Histoire = Geschichte
Géographie = Erdkunde

17 Musik / *La musique*

1

Kat.: Jetzt habe ich **Musikstunde.**
T.: Was machst du denn?
Kat.: Ich **spiele** Musik, allerlei **Instrumente**.
T.: Kannst du Flöte spielen?
Kat.: Nein, das kann ich nicht.
T.: Und **Harfe** spielen?
Kat.: Nein, noch nicht.
T.: Aber was kannst du denn spielen?
Kat.: **Klavier**.
K.: Ich habe eine Idee. Ich spiele Gitarre. Dann bilden wir eine Jazz **Band**!
Kat.: Kannst du die **Musiknoten** lesen?
K.: Nein, aber das macht nichts.

2

1 das Akkordeon
2 das Klavier
3 die Geige
4 die Mundharmonica
5 das Saxophon
6 die Posaune
7 die Gitarre
8 die Trompete
9 die Flöte
10 die Querflöte
11 die Harfe
12 das Tamburin

3

I	O	M	U	S	I	K
U	G	E	L	R	U	I
C	E	L	L	O	A	G
C	I	O	I	O	O	Z
E	G	D	E	P	A	Z
F	E	I	D	T	V	T
M	R	E	G	N	Ä	S

4

1 le concert — **b** das Konzert
2 l'orchestre — **c** die Band
3 le tube — **e** der Schlager
4 le musicien — **a** der Musiker
5 la musique pop — **d** die Popmusik

5

1 der Trompeter — **b** die Trompete
2 der Flötenspieler — **c** die Flöte
3 der Klavierspieler — **a** das Klavier
4 der Geigenspieler — **e** die Geige
5 der Cellist — **d** das Cello

18 Sport treiben / *Faire du sport*

1 **K.:** Und du Thomas, spielst du Klavier?
T.: Ich, nein! Ich **treibe** Sport!
K.: Was denn? **Fußball**, Rugby?
T.: Ich spiele weder Fußball noch Rugby. Ich spiele **Tennis**.
K.: Wie oft spielst du in der Woche?
T.: Dreimal, je eine Stunde. Ich **trainiere**, spiele auch **Hockey** und Fußball beim Trainieren.
K.: Mensch! Du bist sicher sehr gut!
T.: Ich gehöre der deutschen männlichen **Mannschaft** an.
K.: Super!

2
1 das Boxen
2 der Baseball
3 das Rugby
4 das Skilaufen
5 das Eislaufen
6 das Tennis
7 der Basketball
8 das Hockey

3
1 spielen
2 Fußball
3 Tennis
4 rennen
5 springen

4

1	**2**	**3**
Spiel	Ball	schwimmen
<u>Ball</u>	Handball	Badekappe
spielen	<u>Tennis</u>	Badeanzug
Spieler	Fußball	<u>Schläger</u>

5

1 la course à pied	**c** das Laufen
2 le patinage artistique	**f** der Eiskunstlauf
3 le saut	**g** der Sprung
4 le judo	**e** das Judo
5 l'escrime	**d** das Fechten
6 l'athlétisme	**a** die Leichtathletik
7 le ski	**b** das Skilaufen

6

Das Tennis	der Schläger	der Ball
Das Radfahren	das Rad	
Das Autorennen	das Auto	die Bahn
Das Skilaufen	der Ski	der Schnee
Das Segeln	das Boot	das Meer
Das Schwimmen	die Badekappe	die Badehose
	das Schwimmbad	

19 Einkaufen / *Faire les courses*

1

K.: Ich brauche eine Konservendose. Wieviel **kostet** die?
V.: Die kostet zwei **Euro** dreißig.
K.: Das ist zu **teuer**. Und die dort? Ich kann das **Preisschild** nicht sehen!
V.: Ein Euro fünfzig.
K.: Das ist **billig**. Ich möchte noch Butter und Brot. Verkaufen Sie Butter und Brot?
V.: Ja, natürlich.
K.: Können Sie mir bitte ein **Pfund** Butter und sechs Brötchen geben?
V.: Ja, sicher. Haben Sie noch einen **Wunsch**?
K.: Nein, danke. Doch, haben Sie Fisch?
V.: Nein, leider nicht. Das **macht** zehn Euro zwanzig.
K.: Hier sind 15 Euro.
V.: Danke schön. Hier ist Ihr **Wechselgeld**!
K.: Danke. Auf Wiedersehen!
V.: Auf Wiedersehen!

2

1 die Bäckerei
2 die Metzgerei
3 die Buchhandlung
4 das Lebensmittelgeschäft
5 die Apotheke

3

1 arm – **c** reich
2 billig – **a** teuer
3 zahlen – **e** zurückzahlen
4 kaufen – **b** verkaufen
5 der Einkauf – **d** die Ausgabe

4

1 das Kleingeld – das Taschengeld – das Wechselgeld (*ou* der Geldschein)
2 einkaufen – der Einkauf – der Einkaufswagen
3 das Kaufhaus – das Warenhaus – der Supermarkt (*ou* das Einkaufszentrum)
4 *au choix parmi les noms de boutiques du vocabulaire*
5 der Preis – preiswert – billig (*ou* teuer)

20 Am Telefon oder auf Internet / *Au téléphone et sur Internet*

1 **T.:** Hier Thomas Horn.
U.: **Hallo**, hier ist Uschi. Tag, Thomas.
T.: Tag, Uschi.
U.: Du, Thomas. Ich möchte dich am Sonntag zum Mittagessen einladen.
T.: Was **sagst** du, Uschi? Kannst du das **wiederholen**?
U.: Ich möchte dich am Sonntag zum Mittagessen einladen.
T.: Wie nett! Was gibt's zu essen?
U.: Ich weiß es noch nicht!
T.: Gut, dann gib mir bitte deine **Telefonnummer**! Ich **rufe** dich bald **zurück**, um dir Bescheid zu sagen.
U.: Meine Telefonnummer **lautet :** 08 736 654.
T.: Also null, acht, sieben, drei, sechs, sechs, fünf, vier.
U.: Ja. Du kannst auch mir eine **Mail** schicken. **Hier** ist meine Mailadresse : uschi.f@web.de. Bis bald. Auf **Wiederhören**!
T.: Auf **Wiederhören**!

2 01 46 26 27 02 null eins vier sechs zwei sechs zwei sieben null zwei
03 03 24 19 22 null drei null drei zwei vier eins neun zwei zwei
Remarque *: zwei se dit souvent* zwo *au téléphone, pour ne pas le confondre avec* drei.
05 05 08 27 32 null fünf null fünf null acht zwei sieben drei zwei
02 19 21 85 94 null zwei eins neun zwei eins acht fünf neun vier

3 **1** der Hörer
2 der Telefonapparat
3 die Telefonzelle
4 die Telefonkarte
5 das Telefonbuch

4 anrufen / Apparat / Telefon / sprechen / Telefonzelle / klingeln / Leitung / besetzt / Verzeichnis / wählen / einhängen

5

1 raccrocher	**c** einhängen
2 rappeler	**e** zurückrufen
3 décrocher	**a** abheben
4 composer le numéro	**b** wählen
5 appeler	**d** anrufen

6

die Telefonzelle	la cabine téléphonique
die Telefonnummer	le numéro de téléphone
die Mailadresse	l'adresse électronique
die Mailbox	la boîte à lettres électronique
das Telefonbuch	le bottin
der Telefonapparat	le téléphone (l'appareil)

21 Ausgehen / *Sortir*

1 **K.:** Uschi, ich suche mein tolles Kleid. Weißt du, das gemusterte Kleid? Ich habe ein **Rendez-vous** mit einem **Freund** von Thomas und ich finde es nicht!

U.: Das ist aber Pech! Hier ist meine Hose und mein Pulli! Zieh sie an!

K.: Aber sie **stehen** mir überhaupt **nicht**! Die Hose ist mir zu eng, der Pulli ist mir zu weit! Wie **sehe** ich **aus**? Doof!

U.: Aber was ziehst du denn lieber an? Einen langen Mantel? Stiefel?

K.: Ich kann unmöglich das alles tragen. Ich sehe **lächerlich** aus! Vielleicht leiht mir Mutti ihr schönes, gestreiftes Kleid und die Kette noch dazu?

U.: Aber Katrin, du weißt es ja. Mutti ist nicht da! Sie kommt in einer Stunde zurück.

K.: In einer Stunde? Aber das ist dann zu **spät**! Ich muß in fünf Minuten **weg**!

U.: Nimm also meine Sachen!

K.: Nein, nein. Ich nehme Muttis Sachen.

U.: Aber Mutti weiß es nicht!

K.: Ich sage es ihr auch nicht!

U.: **Wohin** gehst du?

K.: Ins McDonald's!

2 **1** Ich gehe ins **Konzert,** um Musik zuzuhören.
2 Er geht ins **Restaurant**, um gut zu essen.
3 Wir gehen **ins Kino**, um uns einen Film anzusehen.
4 Sie gehen **ins Theater**, um einem Schauspiel beizuwohnen.
5 Sie gehen **zur Diskothek**, um zu tanzen.

3 tanzen gehen — das Theater — das Restaurant

4

1 der Film	**e** das Kino
2 der Tisch	**b** das Restaurant
3 das Orchester	**a** die Oper
4 der Clown	**c** der Zirkus
5 der Schauspieler	**d** das Theater

5 **1** das Menü
2 eine Theaterbühne
3 der Vorhang
4 eine Eintrittskarte

6 **1** KINO
2 TANZ
3 ZIRKUS
4 KONZERT
5 THEATER

22 Gesundheit / *La santé*

1

K.: Herr **Doktor**, ich fühle mich nicht **wohl** und bin sehr **müde**. Ich habe Kopf- und Rücken**schmerzen** und manchmal ist mir **schwindelig**.

A.: Wie alt sind Sie denn?

K.: Ich bin 12.

A.: Trinken Sie etwa Alkohol? Rauchen Sie schon? Schlafen Sie genug? Kleiden Sie sich aus und sagen Sie mir, ob ich Ihnen **wehtue**, wenn ich Sie an dieser oder jener Körperstelle **untersuche**!

K.: Na, Herr Doktor, was meinen Sie?

A.: Ja, alles ist in Ordnung. Sie haben vielleicht **Grippe**. Ich **verschreibe** Ihnen Heilmittel, die Sie in der **Apotheke** kaufen können. Wenn Sie **Tabletten** im Wasser auflösen und trinken, verschwinden Ihre Kopf- und Rückenschmerzen. Nehmen Sie diese **Arzneien** ein, und, wenn es Ihnen nicht **besser** geht, rufen Sie mich nochmal an!

2

1 das Hörrohr
2 die Röntgenaufnahme
3 der Krankenstuhl
4 das Medikament
5 der Gips
6 die Spritze

3

K	R	A	N	K	H	E	I	T	S
I	O	E	N	B	A	A	I	A	A
M	S	T	S	L	J	N	B	U	Z
O	Q	A	T	I	N	J	L	B	I
G	E	S	U	N	D	L	U	L	N
F	T	P	M	D	W	V	T	A	M
T	R	K	M	X	O	U	E	A	P
R	G	H	U	S	T	E	N	S	T
S	F	I	E	B	E	R	O	O	R
U	C	H	M	N	O	S	S	I	R

4 **1** der Krebs
die Grippe
das Rheuma
das Fieber

2 seekrank
die Krankheit
der Kranke
schwitzen

3 ich friere
es juckt mich
mir ist schlecht
behindert

5 **1** prendre froid — **e** sich erkälten
2 saigner — **d** bluten
3 étouffer — **a** ersticken
4 se moucher — **c** sich die Nase putzen
5 enfler — **b** schwellen

6 **1** Sie hustet.
2 Sie zittert.
3 Sie putzt sich die Nase.
4 Er niest.
5 Er blutet

7 **1** der Doktor
der Chirurg
der Arzt

2 das Schlafmittel
einschlafen
gähnen
der Traum
sich erholen
der Schlaf
sich hinlegen
der Alptraum
müde
todmüde

3 erwachen
aufwachen
wecken

23 Die Freizeit / *Les loisirs*

1
K.: Mutti, heute haben wir keine Schule. Gehen wir in den **Zoo**!
U.: Oh ja!
M.: Nein, gehen wir ins **Museum**!
K.: Oh nein, es ist so langweilig!
M.: Ich möchte euch die Bilder von Picasso zeigen.
U.: Die sind häßlich!
M.: Dann besichtigen wir schöne alte **Monumente**!
K.: Die sind aber zu alt!
M.: Dann bleiben wir zu Hause und **basteln**!
U.: Ich habe keine Lust dazu!
M.: Was wollt ihr aber tun?
K.: **Fernsehen**!
M.: Was für ein **Hobby**!

2

1 le joueur d'échecs	**e** der Schachspieler
2 le journaliste	**d** der Journalist
3 le sculpteur	**b** der Bildhauer
4 l'acteur	**c** der Schauspieler
5 le peintre	**a** der Maler

3

1	**2**	**3**
das Bild	der Fernseher	die Kunst
die Kamera	das Radio	das Museum
<u>das Monument</u>	der Film	die Skulptur
der Fotograf	<u>die Malerei</u>	<u>die Musik</u>

4 **Mots à rayer :**
genesen – anrufen – arbeiten – helfen – zahlen – kaufen – verkaufen

5 das Buch / das Album / Schach spielen / Karten spielen / besuchen / besichtigen / Museum / Kunstausstellung / das Gemälde / die Galerie

24 Klima und Wetter / *Climat et météo*

1 **M.:** Katrin und Uschi, geht **draußen** spielen!
K.: Nein, es ist zu **windig**.
M.: Katrin, die **Sonne** scheint! Es ist plus 20 Grad! Geht in den Garten!
U.: Nein, es ist uns zu **warm**!
M.: Aber Kinder, dann geht ihr nie im Garten spielen! Im Winter ist es zu **kalt**, im Sommer ist es zu **heiß**, im Frühling **regnet es** immer und im Herbst ist es zu **kühl**!
K.: Im Sommer können wir doch ins Hallenbad und uns **bräunen** lassen. Wenn es uns zu heiß ist, tauchen wir und schwimmen wir!
M.: So geht ins Hallenbad!
U.: Aber es ist zu windig. Und die Fahrräder sind kaputt!
M.: Ich will aber im Garten im **Schatten** einen guten Roman lesen. Auf Wiedersehen!

2
6 die Wettervorhersage
5 die Wolke
2 die Sonne
7 der Regen
8 das Eis
3 der Regenschirm
1 der Blitz
4 der Nebel

3
1 Es regnet.
2 Es ist windig. / Es kommt Wind auf.
3 Es ist warm.
4 Es ist sonnig.
5 Es schneit.
6 Es ist kalt.

4
1 kühl
2 kalt
3 heiter
4 schön
5 regnerisch
d heiß
b warm
e stürmisch
c schlecht
a sonnig

25 Die Verkehrsmittel / *Les moyens de transport*

1 **T.:** Mutti, heute will ich ins Freizeit-Center!
M.: Wenn du nichts zu tun hast, bin ich damit einverstanden. Aber wie gehst du **dorthin**?
T.: Ich fahre mit meinem **Rad**.
M.: Aber Thomas, hast du vergessen, daß du einen **Platten** hast.
T.: Ja, das stimmt! Kannst du mich dorthin fahren?
M.: Unmöglich! Vati ist mit dem Auto einkaufen **gefahren**.
T.: Wie mache ich denn?
M.: Warte mal, bis Vati zurückkommt.
T.: Nein, das dauert zu lange. Dann gehe ich zu **Fuß**!
M.: Bei dem Wetter! Nein! Du wirst Sonnenstiche bekommen!
T.: Dann setze ich meinen Hut auf und creme mich ein! Tschüß Mutti!
M.: Paß auf die **Autos** auf, Thomas! Es kann **gefährlich** sein!
T.: Keine Angst, Mutti!

2
1 der Zug
2 das Flugzeug
3 das Auto/der Wagen
4 das Schiff
5 das Boot
6 der Bus
7 die Rakete
8 das Motorrad

3
1 das Rad — **b** fahren
2 das Flugzeug — **c** fliegen
3 Thomas — **a** gehen
4 das Boot — **b** fahren
5 der Bus — **b** fahren

4
1 Thomas fährt mit seinem Rad ins Freizeit-Center. **R**
2 Katrin will mit dem Auto ins Hallenbad. **F**
3 Vati ist einkaufen gegangen. **F**
4 Mutti kann Auto fahren. **R**
5 Thomas hat kein Motorrad. **R**

26 Die Stadt / *La ville*

1 **M.:** Katrin, ich gehe in die **Stadt.**
K.: Gehst du oder fährst du in die Stadt?
M.: Ich fahre dorthin mit dem Auto.
K.: Warum?
M.: Ich will auf die **Bank**, um Geld zu bekommen. Ich gehe auch zum **Postamt**, um Briefmarken zu kaufen, und dann tanken.
K.: In anderthalb Stunden bist du **zurück**?
M.: Nein, dann gehe ich in der **Altstadt** etwas **bummeln**.
K.: Wozu denn?
M.: Ich brauche neue Kleider.
K.: Mutti, mach doch schnell! Sonst **gibst** du viel Geld **aus**!

2 **1** In der Heinestraße.
2 In der Friedrichstraße.
3 In der Heinestraße.
4 In der Mozartstraße.
5 In der Rilkestraße.
6 In der Heinestraße.
7 In der Bachstraße.
8 In der Bachstraße.

27 Deutschland / *L'Allemagne*

1 **T.:** Mutti, in welcher Stadt wohnen wir?
M.: Aber Thomas, wir wohnen in **Hamburg**!
T.: Ja? Und deine Eltern? Wo **wohnen** sie?
M.: Sie wohnen **in** Lübeck.
T.: Und Vatis Eltern?
M.: Sie wohnen in München. Sie sind aber in Frankfurt **geboren**.
T.: Und du? Bist du in Lübeck geboren?
M.: Nein, ich bin in **Stuttgart** geboren.
T.: Und Vati?
M.: Vati ist in Köln geboren.
T.: Deshalb spricht die ganze Familie ein komisches **Deutsch**!

2 **1** Thomas Familie wohnt in Hamburg.
2 Vati ist in Köln geboren.
3 Vatis Eltern sind in Frankfurt geboren.
4 Muttis Eltern wohnen in Lübeck.
5 Vatis Eltern wohnen in Frankfurt.
6 Mutti ist in Stuttgart geboren.

3

Im Norden	Im Süden	Im Osten	Im Westen
Hamburg	München		Köln
Lübeck	Stuttgart		Frankfurt

28 Europa / *L'Europe*

1 **U.:** Katrin, ich habe endlich **Nachrichten** bekommen!
K.: Aber von wem?
U.: Von unseren **schwedischen** Freunden, selbstverständlich!
K.: Wer sind sie denn?
U.: Du weißt doch, die Leute, die voriges Jahr das Haus auf **Sylt** gemietet hatten, ein großes hübsches weißes Haus!
K.: Ach ja! Die sind sie!
U.: Ja, ich hatte ihnen eine **Postkarte** geschickt. Hier ist die Antwort darauf!
K.: Aber Uschi, du hattest zu **Weihnachten** geschrieben! Bald haben wir Sommerferien!
U.: Das stimmt, aber später ist besser als nie!
K.: Na ja, was schreiben sie denn?
U.: Sie laden uns zu sich im August ein!
K.: Toll! **Fahren** wir dorthin!

2 Reporte-toi à un atlas.

3

1 Spanien	**a** der Spanier
2 Italien	**b** der Italiener
3 England	**c** der Engländer
4 Deutschland	**d** der Deutsche
5 Europa	**e** der Europäer

29 Die Ferien / *Les vacances*

1 **U.:** Also, Katrin, bereiten wir unsere Reise nach **Schweden**!
K.: Wann wollen wir dorthin?
U.: **August** wäre schön! Dann könnten wir die **Gegend besichtigen**, in die **Berge** fahren...
K.: Gibt es dort Berge?
U.: Ich glaube, ja, sonst wiederholen wir unsere Erdkunde!
K.: Sowieso könnten wir **wandern**, uns **erholen**, **baden.**
U.: Katrin träumt...
K.: Hast du einen Reiseführer? Einen **Rucksack**?
U.: Nein, wir kaufen welche.
K.: Bist du plötzlich reich geworden?
U.: Nein, ich werde im Juli einen kleinen Job finden, um mir das alles zu **bezahlen**!
K.: Frag doch zuerst Mutti danach!

2

1 la côte	**b** die Küste
2 la mer	**d** die See
3 la ferme	**e** der Bauernhof
4 le lac	**c** der See
5 le port	**a** der Hafen

3

1 das Meer	**2 das Land**	**3 der Berg**
die Welle	der Bauer	die Gebirge
der Strand	der Bauernhof	der Gipfel
das Wasser	die Bäuerin	das Tal

4 der Urlaub / sich erholen / die Ferien / reisen / der Tourismus / der Koffer / der Aufenthalt / der Flug / der Gipfel / das Tal / packen / die Fahrkarte / fahren / das Hotel / die Gegend / das Land / einsteigen / der Zoll

5 **1** abfahren
2 die Reiseroute
3 der Verkehrsverein
4 der Reisende
5 der Rucksack

30 Die Post / Le courrier

1 **U.:** Ich **schreibe** meinen Freunden einen **Brief**,oder eine **Mail**, um ihnen **Bescheid** zu sagen. Wir erklären ihnen, was wir vorhaben.

K.: Ich schreibe den Brief, wenn du willst:
*Liebe **Freunde**,*
*Heute haben wir Euren Brief **erhalten**. Wir freuen uns auf Eure Einladung und werden gerne zu Euch fahren. Wir werden im August kommen, wenn es Euch gefällt. Wir wollen mit dem Zug fahren. Sagt uns bitte, ob es möglich ist, damit wir uns so bald wie möglich unsere Fahrkarten losen.*
*Viele **liebe Grüße** senden Euch*
Katrin und Uschi.

U.: Danke, Katrin.

2 ein Brief – ein Paket – eine Briefmarke – ein Briefträger

3 Au choix :

- die Postkarte, die Postanweisung, das Postamt, der Postbeamte, der Postbriefkasten, die Luftpost

- der Eilbrief, der Briefträger, der Postbriefkasten, die Briefmarke

- der Eilbrief, die Postkarte, die Ansichtskarte, das Telegramm, die Postsendung, die Post, die Luftpost, das Paket

- die Adresse, die Anschrift, der Absender, der Empfänger, der Straßenname, die Straßennummer

4 der Briefträger / der Brief / die Briefmarke / das Paket / die Post / der Eilbrief / senden / schicken / erhalten / bekommen / die Adresse

LEXIQUE

A

ab/biegen (o, o) t*ourner à droite/ à gauche*
ab/fahren(ä, u, a + sein) *partir*
der Abend(e) l*e soir*
die Abfahrt (en) l*e départ*
der Abgang(¨e) *le départ*
der Abgeordnete *le député*
die Abgeordnete *la femme député*
ab/schreiben (ie, ie) *copier*
der Absender(-) *l'expéditeur*
der Adler(-) *l'aigle*
die Adresse(n) *l'adresse*
das Album(en) *l'album*
Allerheiligen *la Toussaint*
der Alptraum(¨e) *le cauchemar*
alt *âgé*
das Alter *l'âge*
die Altstadt(¨e) *la vieille ville*
der Amateur(e) *l'amateur*
die Ampel(n) *le feu*
eine rote Ampel überfahren *brûler un feu rouge*
sich amüsieren *s'amuser*
an/bieten (o, o) *offrir, proposer*
an/drehen *allumer*
an/kommen(a, o) *arriver*
an/rufen(ie, u) *appeler (téléphone)*
sich an/schauen *se regarder*
an/stecken *contaminer*
an/stellen *allumer*
sich ändern *changer*
das Angebot(e) *l'offre*
die Angina *l'angine*
die Angst(¨e) *la peur, la crainte*
ängstlich sein *être anxieux*
die Ankunft(¨e) *l'arrivée*
der Anruf(e) *le coup de téléphone*
die Anschrift(en) *l'adresse*
der Anrufbeantworter(-) *le répondeur*
die Ansicht(en) *l'opinion*
die Ansichtskarte(n) *la carte postale*
der Anspitzer(-) *le taille-crayon*
die Ansteckung(en) *la contagion*
die Antwort(en) *la réponse*
sich an/ziehen (o, o) *s'habiller*
der Anzug(¨e) *le costume*
die Apotheke(n) *la pharmacie*
der Apparat(e) *l'appareil*
April *avril*
das Arbeitsamt(¨er) *le bureau pour l'emploi*
der Arbeitstag(e) *la journée de travail*
die Architektur *l'architecture*
der Arm(e) *le bras*
das Armband(¨e) *le bracelet*
die Armbanduhr(en) *la montre*
der Ärmel(-) *la manche*
der Artikel(-) *l'article*
die Arznei(en) *le médicament*
der Arzt(¨e) *le médecin*
die Ärztin(nen) *la femme médecin*
der Aschermittwoch *le mercredi des Cendres*
der Atlantik *l'Atlantique*
die Audiokassette(n) *la cassette audio*
auf/schlagen(ä, u, a) *servir*
auf/schreiben (ie, ie) *écrire (sur qc)*
auf/stehen (stand, gestanden) *se lever*

auf/wachen *se réveiller*

der Aufenthalt(e) *le séjour*

die Auffahrt(en) *l'ascension*

der Aufgang(¨e) *l'ascension (à pied)*

die Aufnahme(n) *l'enregistrement*

die Aufsicht *la surveillance*

das Auge(n) *l'œil*

August *août*

aus/blühen *faner*

aus/drehen *éteindre, fermer*

aus/fahren (u, a + sein) *sortir (avec un véhicule)*

aus/gehen *sortir (à pied)* (i, a + sein)

aus/packen *défaire ses bagages/valises*

sich aus/ruhen *se reposer*

aus/sehen (ie, a, e) *avoir l'air (de)*

aus/steigen (ie, ie + sein) *descendre*

aus/stellen *éteindre*

aus/tragen (ä, u, a) *distribuer*

aus/ziehen *déménager* (o, o + sein)

die Ausfahrt(en) *la sortie*

die Ausgabe(n) *la dépense*

der Ausgang(¨e) *la sortie (à pied)*

aus/geben(i, a, e) *dépenser*

die Auskunftstelle *le service de renseignements*

das Aussehen *l'aspect*

die Aussicht(en) *la perspective*

die Ausstellung(en) *l'exposition*

der Ausverkauf *les soldes*

der Ausweis(e) *la carte d'identité*

sich aus/ziehen(o, o) *se déshabiller*

das Auto(s) *la voiture*

die Autobahn(en) *l'autoroute*

der Autofahrer(-) *le conducteur*

das Autorennen *la course automobile*

B

das Baby(s) *le bébé*

die Bäckerei(en) *la boulangerie*

der Backofen(¨) *le four*

der Badeanzug(¨e) *le maillot de bain*

die Badehose(n) *le slip de bain*

die Badekappe(n) *le bonnet de bain*

der Bademantel *le peignoir de bain*

baden *se baigner*

die Badewanne(n) *la baignoire*

das Badezimmer(-) *la salle de bains*

der Bahnhof(¨e) *la gare*

der Ball(¨e) *la balle, le ballon*

das Ballett(e) *le ballet*

die Band *le groupe*

die Bank(en) *la banque*

die Bank(¨e) *le banc*

das Barometer(-) *le baromètre*

basteln *bricoler*

der Bastler(-) *le bricoleur*

der Bauch(¨e) *le ventre*

der Bauer(n, n) *le fermier*

die Bäuerin(nen) *la fermière*

der Bauernhof(¨e) *la ferme*

die Baukunst *l'architecture*

der Baum(¨e) *l'arbre*

bedienen *servir*

die Bedienung *le service*

die Befürchtung(en) *la crainte*

begegnen (+ D) (+ sein) *rencontrer*

die Begegnung(en) *la rencontre*
behaart *chevelu*
behandeln *traiter, soigner*
die Behandlung(en) *le soin, le traitement*
behindert *handicapé*
der Behinderte *l'handicapé*
beige *beige*
das Bein(e) *la jambe*
sich das Bein brechen *se casser la jambe*
der Beinbruch(¨e) *la fracture*
der Bekannte *la connaissance (personne)*
bekommen (a, o) *recevoir*
das Benzin *l'essence*
der Berg(e) *la montagne*
beschleunigen *accélérer*
(sich) beschreiben (ie-ie) *(se) décrire*
die Beschreibung (en) *la description*
besetzen *occuper*
besichtigen *visiter*
die Besichtigung(en) *la visite*
der Besitz(e) *la possession*
besitzen (a, e) *posséder*
der Besitzer(-) *le propriétaire*
bestellen *commander*
der Besuch(e) *la visite*
besuchen *rendre visite à*
das Bett(en) *le lit*
die Bevölkerung(en) *la population*
bewölkt *nuageux*
bezeichnen *désigner*
die Bezeichnung(en) *la désignation*
die Bibliothek(en) *la bibliothèque*
die Bierstube(n) *la brasserie*
der Bikini(s) *le bikini*
das Bild(er) *la photographie, l'image, le tableau*
der Bildhauer(-) *le sculpteur*
die Bildhauerei(en) *la sculpture*
der Bildschirm(e) *l'écran*
billig *bon marché*
die Biologie *la biologie*
blasen(ä, ie, a) *souffler*
das Blasinstrument (e) *l'instrument à vent*
das Blatt(¨er) *la feuille*
blau *bleu*
der Blazer(-) *le blazer*
bleiben(ie, ie + sein) *rester*
sitzen bleiben *redoubler*
der Bleistift(e) *le crayon*
blind *aveugle*
die Blindheit *la cécité*
der Blitz(e) *l'éclair*
blond *blond*
der Blouson(s) *le blouson*
blühen *fleurir*
die Blume(n) *la fleur*
die Blumenhandlung(en) *le fleuriste*
die Bluse(n) *le chemisier*
das Blut *le sang*
die Blutabnahme(n) *la prise de sang*
die Blüte(n) *la fleur*
bluten *saigner*
das BMX-Rad(¨er) *le vélo-cross*
der Boden(¨) *le sol*
das Boxen *la boxe*
der Boxer(-) *le boxeur*

braun *brun, marron*
die Bräune *le bronzage*
breit *large*
die Breite (n) *la largeur*
der Brief(e) *la lettre*
die Briefmarke(n) *le timbre*
der Briefträger(-) *le facteur*
die Brille(n) *les lunettes*
die Bronchitis *la bronchite*
die Brücke(n) *le pont*
der Bruder(¨) *le frère*
der Bube(n, n) *le garçon*
das Buch(¨er) *le livre*
die Buchhandlung(en) *la librairie*
der Buchstabe(n) *la lettre (le caractère)*
der kleine Buchstabe *la minuscule*
der große Buchstabe *la majuscule*
die Bühne(n) *la scène*
bummeln *flâner*
der Bundeskanzler(-) *le chancelier fédéral*
der Bundespräsident (en, en) *le président de la République fédérale*
die Bundesregierung *le gouvernement fédéral*
der Bundesstaat *l'État fédéral*
die Bundesstraße(n) *la nationale*
bunt *multicolore*
der Bürger(-) *le citoyen*
der Bürgermeister(-) *le maire*
der Bürgersteig(e) *le trottoir*
der Bus(se) l'autobus, *l'autocar*
der Büstenhalter(-) *le soutien-gorge*

C

der Campingplatz(¨e) *le terrain de camping*
die CD-Rom(s) *le CD-Rom*
das CD/DVD-ROM-Laufwerk(e) *le lecteur de CD-/DVD-ROM*
die CD-Platte(n) *le disque compact*
das Cello(s) *le violoncelle*
die Chemie *la chimie*
der Chirurg(en, en) *le chirurgien*
Christi Himmelfahrt *l'Ascension*
das Computerspiel(e) *le jeu vidéo*
der Clown(s) *le clown*
der Cousin(s) *le cousin*

D

das Dach(¨er) *le toit*
der Dachboden(¨) *le grenier*
datieren *dater*
das Datum *la date*
denken (dachte, gedacht) *penser*
der Dom(e) *la cathédrale*
deutsch *allemand*
der Deutsche *l'Allemand*
die Deutsche *l'Allemande*
Deutschland *l'Allemagne*
Dezember *décembre*
dick *gros*
die Dicke *l'épaisseur*
Dienstag *mardi*
der Direktor(en) *le directeur*
der Dirigent(en, en) *le chef d'orchestre*
die Disko(thek) *la discothèque*
der Doktor(en) *le médecin*
der Donner(-) *le tonnerre*

Donnerstag *jeudi*
das Dorf(¨er) *le village*
die Drucktaste(n) *la touche*
der Drucker(-) *l'imprimante*
der Duft(e) *le parfum*
duften *embaumer, sentir bon*
dunkel *sombre, foncé*
dünn *mince*
die Dünnheit *la minceur*
durch / gehen (i, a + sein) *passer par*
der Durchgang *le passage*
dürr *sec*
die DVD-Rom(s) *le DVD-Rom*

E

echt *authentique*
die Ehe(n) *le mariage (ménage)*
in erster Ehe *en premières noces*
die Ehefrau(en) *l'épouse*
der Ehemann(¨er) *l'époux*
das Ehepaar(e) *le couple*
eine Ehe schließen *contracter mariage*
das Ei(er) *l'œuf*
der Eilbrief(e) *la lettre express*
ein / gehen (i, a + sein) *entrer*
ein / kaufen *faire les courses*
ein / laden (ä, u, a) *inviter*
ein / schlafen (ä, ie, a + sein) *s'endormir*
ein / steigen (ie, ie + sein) *monter*
ein / ziehen (o, o + sein) *emménager*
die Einbahnstraße(n) *la rue à sens unique*
die Einfahrt(en) *l'entrée*
der Eingang(¨e) *l'entrée (à pied)*
der Einkauf(¨e) *l'achat, la course*
Einkäufe machen *faire les courses*
der Einkaufswagen(-) *le Caddie*
das Einkaufszentrum (-zentren) *le centre commercial*
die Einladung(en) *l'invitation*
der Eintritt(e) *l'entrée*
die Eintrittskarte(n) *le billet*
das Einzelhaus(¨er) *la maison*
das Eis *la glace*
die Eisenbahn(en) *le chemin de fer*
der Eiskunstlauf *le patinage artistique*
das Eislaufen *le patinage*
die Elster(n) *la pie*
die Eltern *les parents*
die E-Mail *le courrier électronique*
die (E-) Mailadresse *l'adresse électronique*
die Mailbox(en) *la boîte postale électronique*
der Empfänger(-) *le destinataire*
eine Mail schicken *envoyer un mail*
englisch *anglais*
der Enkel(-) *le petit-fils*
die Enkelin(nen) *la petite-fille*
die Enkelkinder *les petits-enfants*
entwerten *composter*
das Erdbeben *le tremblement de terre*
die Erde(n) *la terre*
die Erdkunde *la géographie*
der Erdteil(e) *le continent*
erhalten (ä, ie, a) *recevoir*
sich erholen *se rétablir*

die Erholung(en)
le repos, le rétablissement
sich (an + *Acc.*) erinnern
se souvenir de qc
die Erinnerung (an + *Acc.*)
le souvenir (de qc)
sich erkälten
prendre froid, s'enrhumer
erkältet sein,
eine Erkältung haben *être enrhumé*
die Erkältung *le refroidissement*
erschrecken (erschrak,
ist erschrocken) *avoir peur*
erschrecken (erschreckte,
hat erschreckt) *effrayer*
die erste Hilfe
les premiers secours
ersticken *étouffer*
der Erwachsene *l'adulte*
das Eßzimmer *la salle à manger*
der Euro *l'euro*
die Eule(n) *la chouette*
das Examen(s),
die Prüfung(en) *l'examen*

F

das Fach(¨er) *la matière*
der Fasching(e) *le carnaval*
die Fahrbahn(en) *la chaussée*
fahren (ä, u, a, + sein) *conduire, rouler*
langsamer fahren *ralentir*
geradeaus fahren *aller tout droit*
die Fahrkarte(n) *le billet*
das Fahrrad(¨er) *la bicyclette*
der Fahrschein(e) *le billet*
der Fahrstuhl(¨e) *l'ascenseur*
die Fahrt(en) *le trajet*
das Fahrzeug(e) *le véhicule*
falsch *faux*
die Familie(n) *la famille*
die Farbe(n) *la couleur*
färben *colorer*
farbig *coloré, en couleurs*
die Fax *le fax*
Februar *février*
das Fechten *l'escrime*
fechten (o, o) *faire de l'escrime*
das Federmäppchen(-) *la trousse*
die Feder(n) *la plume*
die Feier(n) *la fête*
feierlich *solennel*
feiern *fêter*
der Feiertag(e) *le jour férié*
der Feind(e) *l'ennemi*
feindlich *inamical*
die Feindschaft(en) *l'hostilité*
das Fenster(-) *la fenêtre*
die Ferien *les vacances*
die Fernabfrage
l'interrogation à distance
fern / sehen(ie, a, e)
regarder la télévision
das Ferngespräch(e)
la communication interurbaine
der Fernsehapparat(e)
(le poste de) télévision
der Fernseher(-), das Fernsehen
la télévision
der Fernseh- *le téléspectateur*
zuschauer(-)

das Fest(e) *la fête*
festlich *de fête*
der Festtag(e) *le jour de fête*
der Festplatten) *le disque dur*
feucht *humide*
die Feuerwehr *les pompiers*
das Fieber *la fièvre*
Fieber haben *avoir de la fièvre*
der Film(e) *le film*
einen Film vor / führen
présenter un film
die Filmkamera *la caméra*
der Filzstift(e) *le feutre*
der Fischladen(¨) *la poissonnerie*
die Fleischerei(en) *la boucherie*
der Flieder(-) *le lilas*
fliegen (o, o + sein) *aller en avion, voler*
fließen(o, o) *couler*
die Flöte(n) *la flûte*
der Flug(¨e) *le vol*
der Flügel(-) *l'aile*
das Flugzeug(e) *l'avion*
der Fluß(¨sse) *le fleuve*
flüssig *liquide*
das Foto(s) *la photographie*
der Fotoapparat(e) *l'appareil photo*
der Fotograf(en, en) *le photographe*
fotografieren *photographier*
die Fotografie(n) *la photographie*
französisch *le français*
die Frau(en) *la femme*
Freitag *vendredi*
die Freizeit *le temps libre, les loisirs*
die Freizeit-beschäftigung (en) *le passe-temps*
der Freund(e) *l'ami*
die Freundin(nen) *l'amie*
freundlich *aimable*
die Freundschaft(en) *l'amitié*
freundschaftlich *amical*
frieren (o, o + sein) *geler*
der Frisiersalon(s) *le salon de coiffure*
der Frost(¨e) *la gelée*
früh *tôt*
der Frühling *le printemps*
der Füller(-) *le stylo*
die Furcht *la peur, la crainte*
sich fürchten (vor + D) *avoir peur (de)*
der Fuß(¨e) *le pied*
der Fußball *le ballon de football*
der Fußgänger(-) *le piéton*
der Fußgängerübergang(¨e)
le passage piéton
die Fußgängerzone(n) *la zone piétonne*

G

gähnen *bâiller*
die Garage(n) *le garage*
der Garten(¨) *le jardin*
der Gärtner(-) *le jardinier*
die Gasse(n) *la ruelle*
der Gast(¨e) *l'invité ; l'hôte*
der Gasthof(¨e) *l'auberge*
die Gaststätte(n) *le café-restaurant*
der Gatte(n, n) *l'époux*
die Gattin(nen) *l'épouse*
das Gebäude(-) *le bâtiment*
das Gebirge *les montagnes*

geboren werden / sein *être né / naître*
der Gebrauchtwagen(-) *la voiture d'occasion*
die Gebühr(en) *le péage*
die Geburt(en) *la naissance*
der Geburtstag *l'anniversaire*
der Gedanke(ns, n) *la pensée*
das Gefühl *le toucher*
die Gegend(en) *la région*
gehen(i, a + sein) *aller à pied*
das Gehör *l'ouïe*
die Geige(n) *le violon*
der Geist(e) *l'esprit*
geistig *intellectuellement*
gelähmt *infirme*
gelb *jaune*
das Geld *l'argent*
der Geldschein(e) *le billet*
die Geldstrafe(n) *l'amende*
der Geliebte *le bien-aimé*
das Gemälde(-) *le tableau*
die Gemälde-galerie(n) *la galerie de tableaux*
genesen(i, a, e) *guérir*
die Genesung *la guérison*
die Geranie(n) *le géranium*
der Geruch *l'odorat*
das Geschäft(e) *le magasin*
das Geschenk(e) *le cadeau*
die Geschichte *l'histoire*
der Geschmack *le goût*
die Geschwister *les frères et sœurs*
das Gesicht(er / e) *le visage, la vue, la vision*
das Gespräch(e) *la conversation*
gestern *hier*
gesund *en bonne santé*
die Gesundheit *la santé*
Gesundheit! *À vos souhaits !*
das Gewicht (e) *le poids*
gewinnen (a, o) *gagner*
das Gewitter(-) *l'orage*
der Gipfel(-) *le sommet*
die Gitarre(n) *la guitare*
das Glatteis *le verglas*
der Grad(e) *le degré*
das Gras(¨er) *l'herbe*
grau *gris*
der Greis(e) *le vieillard*
die Grippe(n) *la grippe*
groß *grand*
die Großeltern *les grands-parents*
die Großmutter *la grand-mère*
der Großvater *le grand-père*
der Großbuchstabe *la majuscule*
die Größe(n) *la taille / grandeur*
die Großstadt(¨e) *la grande ville*
grün *vert*
die Grundschule(n) *l'école élémentaire*
gültig *valable*
der Gürtel(-) *la ceinture*
das Gymnasium (-sien) *le lycée*
die Gymnastik *la gymnastique*

H

die Haare *les cheveux*
der Hafen(¨) *le port*
der Hagel *la grêle*
es hagelt *il grêle*

die Halbinsel(n) *la presqu'île*
das Halbjahr(e) *le semestre*
der Hals *le cou*
die Halskette(n) *le collier*
die Halsschmerzen *le mal de gorge*
Halsweh haben *avoir mal à la gorge*
die Haltestelle(n) *l'arrêt*
die Hand(¨e) *la main*
der Händler(-) *le marchand, le commerçant*
der Handschuh(e) *le gant*
die Handtasche(n) *le sac à main*
das Handtuch(¨er) *la serviette de toilette*
das Handy(s) *le téléphone portable*
ein/hängen (i, a) *raccrocher*
der Haß *la haine*
hassen *détester*
haßerfüllt *haineux*
häßlich *laid, hideux*
die Häßlichkeit *la laideur*
die Hauptrolle *le rôle principal*
die Hauptschule(n) *l'école (de 10 à 18 ans)*
die Hauptstraße(n) *la rue principale*
das Haus(¨er) *la maison*
die Hausaufgabe(n) *le travail à la maison*
die Hausfrau(en) *la maîtresse de maison*
der Hausherr(en) *le maître de maison*
der Hausmeister(-) *le gardien*
das Heft(e) *le cahier*
heilen *guérir*
Heilige drei Könige *la fête des Rois*
das Heilmittel(-) *le médicament*
heiraten (+ Acc) *épouser*
heiß *très chaud*
die Heirat(en) *le mariage (l'acte)*
heiter *serein*
hell *clair*
das Hemd(en) *la chemise*
der Herbst *l'automne*
der Herzanfall(¨e) *la crise cardiaque*
der Herzinfarkt(e) *l'infarctus*
heute *aujourd'hui*
die Hifianlage(n) *la chaîne Hi-fi*
die Himmelsrichtungen *les points cardinaux*
sich hin/legen *se coucher*
die Hitze la forte *chaleur*
die Hitzewelle(n) *la vague de chaleur*
das Hobby(s) *le hobby*
das Hochhaus(¨er) *l'immeuble*
der Hochsprung(¨e) *le saut en hauteur*
die Hochzeit(en) *le mariage*
hoffen *espérer*
hoffentlich... *espérons que...*
die Hoffnung(en) *l'espoir*
der Hörer(-) *l'écouteur*
die Hose(n) *le pantalon*
das Hotel(s) *l'hôtel*
hübsch *mignon, joli*
der Hund(e) *le chien*
eine Hundekälte *un froid de canard*
die Hundstage *la canicule*
hüpfen *sautiller*
husten *tousser*
der Husten *la toux*

der Hustensaft(¨e) *le sirop*
der Hut(¨e) *le chapeau*

I

impfen *vacciner*
die Impfung(en) *la vaccination*
die Insel(n) *l'île*
das Internet *Internet*
auf Internet surfen *surfer sur Internet*
der Internetsurfer(-) *l'internaute*

J

das Jahr(e) *l'année*
der Jahrestag(e) *la fête anniversaire*
die Jahreszeit(en) *la saison*
das Jahrhundert(e) *le siècle*
jährlich *annuel*
das Jahrtausend(e) *le millénaire*
das Jahrzehnt(e) *la décennie*
Januar *janvier*
der Jazz *le jazz*
die Jeans *le jean*
der Journalist(en, en) *le journaliste*
das Judo *le judo*
der Judoka(s) *le judoka*
der / die Jugendliche *l'adolescent(e)*
Juli *juillet*
der Junge(n, n) *le (jeune) garçon*
Juni *juin*
der Juwelierladen(¨) *la bijouterie*

K

das Kabelfernsehen *la télévision par câble*
kahl *chauve*
der Kalender(-) *le calendrier*
kalt *froid*
die Kälte *le froid*
die Kamera(s) *l'appareil photo*
der Kamerad(en, en) *le camarade*
der Kamin(e) *la cheminée intérieure*
der Karfreitag *le Vendredi saint*
die Karies(-) *la carie*
der Karneval(e) *le carnaval*
die Karrosserie(n) *la carrosserie*
die Karte(n) *la carte*
Karten spielen *jouer aux cartes*
die Karwoche *la Semaine sainte*
die Kathedrale(n) *la cathédrale*
die Katze(n) *le chat*
kaufen *acheter*
der Käufer(-) *l'acheteur*
das Kaufhaus(¨er) *le grand magasin*
der Kaufmann (-leute) *le négociant, le commerçant*
der Keller (-) *le cellier*
der Kellner(-) *le serveur*
die Kellnerin(nen) *la serveuse*
kennen *connaître*
kennen/lernen(jn) *faire la connaissance (de qn)*
die Kerze(n) *la bougie*
die Kette(n) *la chaîne*
das Kind(er) *l'enfant*
der Kindergarten(¨) *le jardin d'enfants*
das Kino(s) *le cinéma*
die Kirche(n) *l'église*
der Kirchentag(e) *la fête religieuse*
die Klasse(n) *la classe*

die Klassenarbeit(en) *le contrôle*
das Klassenzimmer(-) *la salle de classe*
die klassische Musik *la musique classique*
das Klavier(e) *le piano*
Klavier spielen *jouer du piano*
das Kleid(er) *la robe*
die Kleidung *l'habit*
die Kleidungsstücke *l'habillement, les vêtements*
klein *petit*
das Kleingeld *la monnaie*
die Kleinheit *la petitesse*
die Kleinigkeit(en) *le petit rien*
die Kleinstadt(¨e) *la petite ville*
das Klima(te / s) *le climat*
die Klingel(n) *la sonnerie*
klingeln *sonner*
die Klinik(en) *la clinique*
klopfen *frapper (à la porte)*
der Klub(s) *le club*
der Knabe(n, n) *le garçon*
knipsen (fam.) *photographier*
die Knospe(n) *le bourgeon*
kochen *cuisiner*
der Koffer(-) *la valise*
die Kommode(n) *la commode*
komponieren *composer*
der Komponist (en, en) *le compositeur*
die Konditorei(en) *la pâtisserie-confiserie*
können *pouvoir*
kontaktfreudig *sociable*
der Kontinent(e) *le continent*
das Konzert(e) *le concert*
der Kopf(¨e) *la tête*
köpfen *ôter la tête, étêter*
die Kopfschmerzen *les maux de tête*
das Kopftuch(¨er) *le foulard*
das Kopfweh *le mal de tête*
Kopfweh haben *avoir mal à la tête*
kopieren *photocopier*
der Körper(-) *le corps*
körperlich *physiquement*
die Kraft(¨e) *la force, la vigueur*
kräftig *vigoureux*
der Kragen(-) *le col*
krank *malade*
krank werden(i, u, o) *tomber malade*
der Kranke *le malade*
das Krankenhaus (¨er) *l'hôpital*
die Krankenschwester(n) *l'infirmière*
der Krankenwagen(-) *l'ambulance*
die Krankheit(en) *la maladie*
die Krawatte(n) *la cravate*
der Krebs(e) *le cancer*
die Kreuzung(en) *le croisement*
der Krimi(s) *le film policier*
die Küche(n) *la cuisine*
der Kuckuck(e) *le coucou*
der Kugelschreiber(-) *le stylo à bille*
der Kuli(s) *(fam.) le stylo à bille*
der Kunde(n) *le client*
die Kundin(nen) *la cliente*
die Kunst(¨e) *l'art*
der Künstler(-) *l'artiste*
künstlerisch *artistique*
das Kunstwerk(e) *l'œuvre d'art*

kurz *court*
die Kürze *la brièveté*
die Küste(n) *la côte*

L

der Laden(¨) *la boutique*
das Land *la campagne*
das Land(¨er) *le pays, le Land*
lang *long*
die Länge *la longueur*
sich langweilen *s'ennuyer*
langweilig *ennuyeux*
der Laptop(s) *l'ordinateur portable*
die Latzhose(n) *la salopette*
das Laub *le feuillage, les feuilles*
das Laufen *la course (à pied)*
laufen(ä, ie, a + sein) *courir*
der Läufer(-) *le coureur*
das Leben *la vie*
das Lebensmittel-
geschäft(e) *l'épicerie*
das Lehrbuch(¨er) *le manuel*
lehren *enseigner*
der Lehrer(-) *le professeur*
die Lehrerin(nen)
le professeur (femme)
der Lehrplan(¨e) *le programme*
leicht *facile, léger*
der Leichtathlet (en, en) *l'athlète*
die Leichtathletik *l'athlétisme*
die Leichtheit *la légèreté*
die Leichtigkeit
la légèreté, la facilité
das Leid(en) *la peine, la souffrance*
an (+ D) leiden (litt/gelitten)
souffrir d'une maladie
die Leitung *la direction*
die Lerche(n) *l'alouette*
lernen *apprendre*
lesen(ie, a, e) *lire*
der Leser(-) *le lecteur*
die Liebe *l'amour*
lieben *aimer*
liebevoll *affectueux*
das Lied(er) *la chanson*
liefern *livrer*
lila *lilas (couleur)*
das Lineal(e) *la règle*
die Linke(n, n) *la gauche*
der Lkw (= Lastkraftwagen) *le camion*
die Luftpost *la poste aérienne*
lustig *amusant*

M

mächtig *puissant*
das Mädchen(-) *la (jeune) fille*
das Magazin(e) *le magazine*
Mai *mai*
malen *peindre*
der Maler(-) *le peintre*
der Mann(¨er) *l'homme*
die Mannschaft(en) *l'équipe*
der Mantel(¨) *le manteau*
die Mark *le mark*
die Marke(n) *la marque*
der Markt(¨e) *le marché*
März *mars*
die Masern *la rougeole*
die Maus (¨e) *la souris*
die Mathematik(en) *les mathématiques*

die Maus(¨e) *la médaille*
die Medaille(n) *la médaille*
die Mediathek(en) *la médiathèque*
das Medikament(e) *le médicament*
das Meer(e) *la mer*
die Mehrheit(en) *la majorité*
die Meise(n) *la mésange*
die Meisterschaf(en) *le championnat*
das Meisterwerk(e) *le chef-d'œuvre*
die Melodie(n) *la mélodie, l'air*
die Menge *la foule*
der Mensch(en, en) *l'être humain*
die Metzgerei(en) *la boucherie*
die Miete(n) *le loyer*
mieten *louer*
der Mieter(-) *le locataire*
die Migräne *la migraine*
die Mikrowelle(n) *le four à micro-ondes*
die Minderheit(en) *la minorité*
der Minister(-) *le ministre*
das Ministerium(rien) *le ministère*
der Minister- präsident(en, en)
le Premier ministre
die Minute(n) *la minute*
Mittag *midi*
die Mitte *le milieu*
das Mittelmeer *la Méditerranée*
die Mittelohrentzündung(en) *l'otite*
Mitternacht *minuit*
Mittwoch *mercredi*
die Möbel *les meubles*
das Möbelstück *le meuble*
der Modem *le modem*
das Mobiltelefon *le téléphone mobile*
mogeln *tricher*
mögen *aimer bien*
die Mohnblume(n) *le coquelicot*
der Monat(e) *le mois*
monatlich *mensuel*
das Monster(-) *le monstre*
Montag *lundi*
das Monument(e) *le monument*
das Moped(s) *le vélomoteur*
morgen *demain*
der Morgen *le matin*
der Morgenrock(¨e)
la robe de chambre
das Motorrad(¨er) *la moto*
der Motorradfahrer(-) *le motocycliste*
die Möwe(n) *la mouette*
müde *fatigué*
Multimedia *le multimédia*
der Mumps *les oreillons*
der Mund(e) *la bouche*
mündlich *oral*
das Münster(-) *la cathédrale*
das Museum(en) *le musée*
die Musik *la musique*
der Musiker(-) *le musicien*
das Musikinstrument(e)
l'instrument de musique
musizieren *faire de la musique*
die Mutter(¨) *la mère*
der Muttertag *la fête des Mères*
die Mütze(n) *le bonnet*

N

(über + Acc) nach/denken *réfléchir à*
der Nachbar(n) *le voisin*
die Nachbarin(nen) *la voisine*

die Nachbarschaft *le voisinage*
der Nachmittag *l'après-midi*
die Nachricht(en) *la nouvelle*
eine Nachricht hinterlassen *laisser un message*
die Nacht(¨e) *la nuit*
das Nachthemd(en) *la chemise de nuit*
die Nachtigall(en) *le rossignol*
der Nachttisch(e) *la table de nuit*
der Namenstag(e) *la fête de quelqu'un*
die Narbe(n) *la cicatrice*
die Nase(n) *le nez*
sich die Nase putzen *se moucher*
naß *mouillé*
der Nationalfeiertag *la fête nationale*
die Naturwissenschaft(en) *les sciences*
die Nebenstraße(n) *la départementale*
der Neffe(n) *le neveu*
ab/nehmen(i, a, o) *maigrir*
auf/nehmen(i, a, o) *enregistrer*
zu/nehmen(i, a, o) *grossir*
die Nelke(n) *l'œillet*
der Nervenzusammenbruch(¨e) *la dépression nerveuse*
das Nest(er) *le nid*
das Netz(e) *le réseau*
der Neujahrstag *le Jour de l'an*
die Nichte(n) *la nièce*
nieder/schreiben *écrire*
(ie, ie) *(= coucher sur le papier)*
die Niederlage(n) *la défaite*
niesen *éternuer*
nisten *nicher*
der Norden *le nord*
der Nordpol *le pôle Nord*
die Nordsee *la mer du Nord*
die Notaufnahme(n) *le service des urgences*
die Note(n) *la note*
der Notruf *l'appel d'urgence*
November *novembre*
die Nummer (n) *le numéro*

O

die Obst-und Gemüsehandlung(en) *le magasin de primeurs*
das Ohr(en) *l'oreille*
der Ohrring(e) *la boucle d'oreille*
Oktober *octobre*
die Olympischen Spiele *les Jeux Olympiques*
der Onkel(-) *l'oncle*
die Oper(n) *l'opéra*
die Operation(en) *l'opération*
sich operieren lassen *se faire opérer*
das Opernhaus(¨er) *l'opéra*
das Opfer *la victime*
die Opposition(en) *l'opposition*
orange *orange*
das Orchester(-) *l'orchestre*
originell *original*
der Osten *l'est*
das Osterei(er) *l'œuf de Pâques*
der Osterhase(n, n) *le lapin de Pâques*
Ostern *Pâques*
die Ostsee *la mer Baltique*
der Ozean(e) *l'océan*

P

packen *faire ses bagages*
das Paket(e) *un paquet*
der Palmsonntag
le dimanche des Rameaux
der Pantoffel(n) *la pantoufle*
der Papagei(en) *le perroquet*
der Parkplatz(¨e) *le parking*
das Parlament *le parlement*
die Partei(en) *le parti*
passen zu (+ D) *aller avec (couleur)*
der Pate(n) *le parrain*
das Patenkind(er) *le filleul/la filleule*
die Patin(nen) *la marraine*
die Pauschalreise(n) *le voyage organisé*
die Pause(n) *la récréation, l'entracte*
der PC (der Personal Computer)
le micro-ordinateur
die Person(en) *la personne*
der Pfau(en) *le paon*
der Pfennig(e) *le pfennig*
die Pferderennbahn(en) *l'hippodrome*
das Pferderennen *la course de chevaux*
Pfingsten *la Pentecôte*
die Pflanze(n) *la plante*
pflanzen *planter*
die Pflanzenwelt *la flore*
die Pflege(n) *le soin, le traitement*
pflegen *traiter, soigner*
das Pflichtfach(¨er)
la matière obligatoire
pflücken *cueillir*
die Pfütze(n) *la flaque d'eau*
die Physik *la physique*
die Pille(n) *la pilule*
der Pinguin(e) *le pingouin*
die Pizzeria(s) *la pizzeria*
der Pkw(s) *la voiture de tourisme*
(= Personalkraftwagen)
der Platz(¨e) *la place*
die Plombe(n) *le plombage*
der Pokal(e) *la coupe*
die Politik(en) *la politique*
der Politiker(-) *l'homme politique*
die Polizei *la police*
die Polizeiwache(n) *le poste de police*
der Polizist(en, en) *le policier*
die Popmusik *la musique pop*
das Porträt(e) *le portrait*
die Post *la poste, le courrier*
das Postamt(¨er) *le bureau de poste*
die Postanweisung(en) *le mandat*
der Postbeamte *l'employé de la poste*
der Postbriefkasten *la boîte aux lettres*
die Postkarte(n) *la carte postale*
die Postsendung(en) *l'envoi postal*
der Preis(e) *le prix*
preiswert *avantageux*
der Profi(s) *le professionnel*
das Programm(e) *le chaîne*
das Publikum *le public*
der Pullover(-), der Pulli(s) (fam.)
le pull-over

Q

die Querflöte(n) *la flûte traversière*

R

der Rabatt(e) *la remise*
der Rabe(n, n) *le corbeau*

das Rad(¨er) *la roue, le vélo*
rad/fahren (ä, u, a + sein) *faire du vélo*
das Radfahren *le cyclisme*
der Radfahrer(-) *le cycliste*
der Radiergummi(s) *la gomme*
das Radio *la radio*
die Rakete(n) *la fusée*
der Rasen(-) *le gazon*
das Rathaus(¨er) *l'hôtel de ville*
die Realschule(n) *l'école (de 10 à 16 ans)*
die Rechnung(en) *l'addition*
die Rechte(n, n) *la droite*
der Regen(-) *la pluie*
der Regenbogen(¨) *l'arc-en-ciel*
der Regenmantel(¨) *l'imperméable*
der Regenschauer(-) *l'averse*
der Regenschirm(e) *le parapluie*
regieren *gouverner*
regnerisch *pluvieux*
der Reif *le givre*
die Reinigung(en) *la teinturerie, le pressing*
die Reise(n) *le voyage*
das Reisebüro(s) *l'agence de voyages*
der Reiseführer(-) *le guide*
reisen *voyager*
der Reisende *le voyageur*
der Reisepaß(¨e) *le passeport*
die Reiseroute(n) *l'itinéraire*
das Reiten *l'équitation*
reiten(i, i + sein) *faire de l'équitation*
der Reiter(-) *le cavalier, la cavalière*

der Rekord(e) *le record*
die Rennbahn(en) *le circuit (de course automobile)*
das Rennen *la course (à pied)*
rennen (rannte, gerannt) *courir*
der Rennfahrer(-) *le coureur automobile*
das Restaurant(s) *le restaurant*
das Rheuma *le rhumatisme*
richtig *juste, exact*
riechen(o, o) *embaumer, sentir bon*
der Riese (n, n) *le géant*
der Ring(e) *la bague, le ring, le périphérique*
das Ringbuch(¨er) *le classeur*
das Ringen *la lutte*
der Ringer(-) *le lutteur*
der Rock *le rock*
der Rock(¨e) *la jupe*
der Roman(e) *le roman*
die Röntgenaufnahme(n) *la radio (rayons X)*
rosa *rose*
die Rose(n) *la rose*
der Rosenmontag *la veille de Mardi gras*
rot *rouge*
die Rückfahrtkarte(n) *le billet aller-retour*
der Rucksack(¨e) *le sac à dos*
der Rückspiegel(-) *le rétroviseur*
rund *rond*
die Runde(n) *la ronde*
der Rundfunk *la radio*
die Rundheit *la rondeur*

S

die S-Bahn(en)
le train de banlieue (genre RER)
das Saiteninstrument(e) *l'instrument à cordes*
die Salbe(n) *la pommade*
sammeln *collectionner*
die Sammlung(en) *la collection*
Samstag *samedi*
der Sandplatz(¨e) *le court de terre battue*
der Sänger(-) *le chanteur*
Schach spielen *jouer aux échecs*
das Schachspiel *les échecs*
der Schaffner(-) *le contrôleur*
der Schal(e/s) *l'écharpe*
die Schallplatte(n) *le disque*
der Schatten(-) *l'ombre*
die Schau *le show*
der Schaufenster-bummel(-) *le lèche-vitrines*
das Schauspiel(e) *le spectacle*
der Schauspieler(-) *l'acteur*
sich scheiden lassen *divorcer*
die Scheidung *le divorce*
schenken *accorder*
schicken *envoyer*
der Schlaf *le sommeil*
der Schlafanzug(¨e) *le pyjama*
schlafen(ä, ie, a) *dormir*
schläfrig *endormi*
das Schlafzimmer(-)
la chambre (à coucher)
schlagen(ä, u, a) *battre*
der Schlager(-) *le tube*
das Schlaginstrument(e)
l'instrument à percussion
das Schlagzeug *la batterie*
der Schlittschuh(e) *le patin à glace*
Schlittschuh laufen
faire du patin à glace
der Schlittschuhläufer(-) *le patineur*
das Schloß(¨sser) *le château*
schmal *étroit*
die Schmalheit *l'étroitesse*
schmelzen (i, o, o + sein) *fondre*
der Schmerz(en) *la douleur*
Schmerzen haben *avoir des douleurs*
schmerzlich *douloureux*
der Schmuck(e) *le bijou*
der Schnabel(-) *le bec*
der Schnee *la neige*
die Schneeflocke(n) *le flocon de neige*
es schneit *il neige*
der Schnupfen(-) *le rhume*
einen Schnupfen bekommen(a, o)
attraper un rhume
schon *déjà*
schön *beau*
die Schönheit(en) *la beauté*
der Schornstein(e)
la cheminée extérieure
der Schrank(¨e) *l'armoire*
schrecklich *horrible*
das Schreiben
le fait d'écrire, l'écriture
schreiben(ie, ie) *écrire*
die Schreibwaren- handlung(en)
la papeterie
die Schrift(en) *l'écriture*
schriftlich *écrit*

der Schuh(e) *la chaussure*
das Schulbuch(¨er) *le manuel*
die Schule(n) *l'école*
die Schule schwänzen
faire l'école buissonnière
schulen *éduquer, perfectionner*
der Schüler(-) *l'écolier, l'élève*
die Schülerin(nen) *l'écolière, l'élève*
schulfrei haben *ne pas avoir classe*
der Schulfreund(e)
le camarade de classe
der Schulhof(¨e) *la cour (de récréation)*
der Schulkamerad (en, en)
le camarade d'école
die Schulmappe(n) *le cartable*
das Schulwesen *l'enseignement*
schwach *faible*
die Schwäche(n) *la faiblesse*
der Schwager(¨) *le beau-frère*
die Schwägerin(nen) *la belle-sœur*
die Schwalbe(n) *l'hirondelle*
der Schwan(¨e) *le cygne*
schwarz *noir*
schwellen (i, o, o + sein) *enfler*
schwer *difficile ou lourd*
die Schwere *la lourdeur*
die Schwester(n) *la sœur*
die Schwiegereltern *les beaux-parents*
die Schwiegermutter *la belle-mère*
der Schwiegersohn *le beau-fils*
die Schwiegertochter *la belle-fille*
der Schwiegervater *le beau-père*
die Schwierigkeit(en) *la difficulté*
das Schwimmbad (¨er) *la piscine*
das Schwimmen *la natation*
schwimmen(a, o) *nager*
Brust, Rücken schwimmen
nager la brasse, le dos
der Schwimmer(-) *le nageur*
schwitzen *transpirer*
schwül *lourd*
die See(n) *la mer*
der See(n) *le lac*
seekrank sein *avoir le mal de mer*
das Segelboot(e) *le bateau à voile*
das Segeln *le yachting*
segeln *faire de la voile*
der Segler(-) *le yachtman ou le voilier*
sehen (sah, gesehen) *voir*
die Seite(n) *la corde, le côté*
die Sekunde(n) *la seconde*
senden (sandte, gesandt) *adresser*
die Sendung *l'émission*
September *septembre*
der Sessel(s) *le fauteuil*
die Sicht *la vue, la vision*
sichtbar *visible*
der Sieg(e) *la victoire*
der Sieger(-) *le vainqueur*
der Silvesterabend
le réveillon du Jour de l'an
singen(a, u) *chanter*
der Sitz(e) *le siège*
sitzen bleiben *redoubler*
der Ski(er) *le ski*
ski/laufen (ä, ie, a + sein) *faire du ski*
das Skilaufen *le ski (sport)*
der Skiläufer(-) *le skieur*
die Skulptur(en) *la sculpture (œuvre)*
der Slip(s) *le slip*

die Socke(n) *la socquette*
das Sofa(s) *le sofa*
die Software(s) *le logiciel*
der Sohn(¨e) *le fils*
der Sommer *l'été*
das Sonderangebot(e) *l'offre spéciale*
die Sonne(n) *le soleil*
der Sonnenstich(e) *le coup de soleil*
der Sonnenstrahl(en) *le rayon de soleil*
sonnig *ensoleillé*
Sonntag *dimanche*
der Spaß(¨e) *l'amusement*
spät *tard*
der Spatz(en, en) *le moineau*
speichern *enregistrer*
die Speisekarte(n) *la carte*
der Spiegel(-) *le miroir*
wider/spiegeln *refléter*
das Spiel(e) *le match, le jeu*
spielen *jouer*
der Spieler(-) *le joueur*
die Spielkonsole(n) *la console vidéo*
die Spielsachen *les jouets*
das Spielzeug *le jouet*
der Sport le *sport*
Sport treiben *faire du sport*
der Sport(unterricht) *le sport (matière enseignée)*
das Sportgeschäft(e) *le magasin de sport*
der Sportler(-) *le sportif*
sportlich *sportif*
der Sportplatz(¨e) *le terrain de sport*
der Sportverein(e) *l'association sportive*
sprechen (i, a, o) *parler*
springen(a, u + sein) *sauter*
die Spritze(n) *la piqûre*
der Sprung(¨e) *le saut*
das Spülbecken(-) *l'évier*
die Spülmaschine(n) *le lave-vaisselle*
der Staat(en) *l'État*
der Staatssekretär(e) *le secrétaire d'État*
das Stadion(dien) *le stade*
die Stadt(¨e) *la ville*
der Stadtbewohner(-) *le citadin*
der Stadtpark(s/e) *le parc municipal*
der Stadtplan(¨e) *le plan de la ville*
der Stadtteil(e) *le quartier*
der Stamm(¨e) *le tronc*
der Stammbaum *l'arbre généalogique*
stark *fort*
die Stärke *la force, la puissance*
stehen (stand, gestanden) *rester debout*
der Stein(e) *le pion*
der Stengel(-) *la tige*
das Steuer(-) *le volant*
sticken *broder*
der Stiefel(-) *la botte*
die Stiefmutter *la belle-mère (femme en secondes noces du père)*
der Stiefvater *le beau-père (mari en secondes noces de la mère)*
der Stil(e) *le style*
die Stimme(n) *la voix*
stimmen für/gegen *voter pour/contre*
der Stock(werke) *l'étage*
die Stockung(en) *l'embouteillage*
der Storch(¨e) *la cigogne*
die Strafarbeit(en) *la punition (écrite)*
der Strafzettel(-) *la contravention*

der Strand(¨e) *la plage*
die Straße(n) *la rue, la route*
die Straßenbahn(en) *le tramway*
der (Blumen)-Strauß (¨e) *le bouquet*
stricken *tricoter*
die Strickjacke(n) *la veste tricotée*
der Strom(¨e)
le grand fleuve, le courant
der Strumpf(¨e) *la chaussette*
die Strumpfhose(n) *le collant*
der Stuhl(¨e) *la chaise*
stumm *muet*
die Stunde(n) *l'heure (durée)*
die Stunde(n), der Unterricht(e)
l'heure de cours
der Stundenplan(¨e) *l'emploi du temps*
der Sturm(¨e) *la tempête*
stürmisch *orageux*
der Sturzhelm(e) *le casque*
der Süden *le sud*
der Südpol *le pôle Sud*
der Supermarkt(¨e) *le supermarché*
das Surfbrett(er) *la planche à voile*
surfen *surfer*
das Surfen *le surf*

T

das T-Shirt(s) *le T-shirt*
das Tabakwarengeschäft(e)
le bureau de tabac
die Tablette(n) *le cachet*
die Tagesschau *le journal télévisé*
die Tageszeitung(en) *le quotidien*
das Tal(¨er) *la vallée*
der Tango *le tango*
tanken *prendre de l'essence*
voll/tanken *faire le plein*
die Tankstelle(n) *la station-service*
der Tannenbaum *le sapin de Noël*
die Tante(n) *la tante*
der Tanz(¨e) *la danse*
tanzen *danser*
der Tänzer(-) *le danseur*
die Tänzerin(nen) *la danseuse*
die Tasche(n) *la poche*
das Taschengeld *l'argent de poche*
das Taschentuch(¨er) *le mouchoir*
die Tastatur(en) *le clavier*
die Taste(n) *la touche*
taub *sourd*
die Taube(n) *le pigeon*
taubstumm *sourd-muet*
die Taufe(n) *le baptême*
das Taxi(s) *le taxi*
der Taxifahrer(-) *le chauffeur de taxi*
das Telefon(e) *le téléphone*
am Telefon *au téléphone*
ein schnurloses Telefon
un téléphone sans fil
das Telefonbuch(¨er) *l'annuaire*
telefonieren *téléphoner*
die Telefonkarte(n)
la carte de téléphone
die Telefonnummer(n)
le numéro de téléphone
die Telefonzelle(n)
la cabine téléphonique
das Telegramm(e) *le télégramme*
die Temperatur(en) *la température*
das Tennis *le tennis*

Tennis spielen *jouer au tennis*
der Tennisplatz(¨e) *le court de tennis*
der Tennisschläger(-)
la raquette de tennis
der Tennisspieler(-) *le joueur de tennis*
der Teppich(e) *le tapis*
der Termin(e) *le rendez-vous*
teuer *cher*
das Theater(-) *le théâtre*
das Theaterstück(e) *la pièce de théâtre*
das Thermometer(-) *le thermomètre*
das Tier(e) *l'animal*
der Tisch(e) *la table*
die Tochter(¨) *la fille*
der Tod(e) *la mort*
todmüde *mort de fatigue*
die Toilette(n) *les toilettes*
der Ton(¨e) *le ton*
das Tor(e) *le portail* ; *le but*
der Torwart(e) *le gardien de but*
tot sein *être mort*
töten *tuer*
der Tourismus *le tourisme*
der Tourist(en, en) *le touriste*
touristisch *touristique*
der Trainer(-) *l'entraîneur*
trainieren *s'entraîner*
das Training *l'entraînement*
der Traum(¨e) *le rêve*
(von etwas) träumen *rêver (de qc)*
das Treffen *la rencontre*
treffen (a, o) *(+ Acc.) rencontrer*
sich trennen *se séparer*
die Trennung(en) *la séparation*
trocken *sec*
die Trompete(n) *la trompette*
der Tropfen(-) *la goutte*
die Tulpe(n) *la tulipe*
die Tür(en) *la porte*
die Turmuhr(en) *l'horloge*
turnen *faire de la gymnastique*
das Turnen *la gymnastique*
der Turner(-) *le gymnaste*

U

die U-Bahn(en) (U = Untergrund)
le métro
über/gehen
passer d'une chose à l'autre
über/fahren *renverser*
die Überfahrt(en) *la traversée*
der Übergang(¨e)
le passage, la transition
überholen *doubler*
übermorgen *après-demain*
überqueren *traverser la rue*
die Überraschung(en) *la surprise*
die Überschwemmung(en) *l'inondation*
das Ufer(-) *la rive*
die Uhr *l'heure (qu'il est)*
die Uhr(en) *la montre, la pendule*
die Uhrzeit *l'heure (qu'il est)*
der Uhu(s) *le hibou*
um/schalten *changer de chaîne*
um/steigen (ie, ie + sein) *changer*
um/ziehen (o, o + sein)
changer de logement
die Umgebung(en) *les environs*
der Umschlag(¨e) *l'enveloppe*
um/tauschen *échanger*

sich um/ziehen *se changer*
der Unfall(¨e) *l'accident*
die Universität(en) *l'université*
das Unkraut *les mauvaises herbes*
unter/gehen (ie, a + sein) *décliner*
der Untergang(¨e) *le déclin*
sich unterhalten (ä, ie, a,) *s'entretenir, se divertir*
die Unterhaltung(en) *la conversation, la distraction*
das Unterhemd(en) *le tricot de corps*
die Unterhose(n) *la culotte*
unterrichten *enseigner*
unterschreiben (ie, ie) *signer*
die Unterschrift(en) *la signature*
das Unwetter *la tempête*
der Urlaub *les vacances, les congés*

V

der Vater(¨) *le père*
das Veilchen(-) *la violette*
der Verband(¨e) *le pansement*
sich verbessern *s'améliorer*
verblühen *faner*
sich verbrennen (verbrannte, verbrannt) *se brûler*
sich verfahren *se tromper, se perdre en roulant*
sich verfärben *se colorer*
verfärben *déteindre*
vergessen (a, e), *oublier*
die Vergiftung(en) *l'intoxication*
verheiratet sein *être marié*
der Verkauf(¨e) *la vente*
verkaufen *vendre*
der Verkaüker(-) *le vendeur*
der Verkehr *la circulation*
das Verkehrsamt(¨er) *l'office de tourisme*
die Verkehrsmittel *les moyens de transport*
das Verkehrsschild(er) *le panneau*
der Verkehrstau(s) *l'embouteillage*
der Verkehrsverein(e) *le syndicat d'initiative*
verletzt sein *être blessé*
verliebt sein *être amoureux*
verlieren(o, o) *perdre*
der Verlierer(-) *le perdant*
vermieten *donner en location*
der Vermieter(-) *le loueur*
verreisen (+ sein) *partir en voyage*
sich verschlechtern *se détériorer*
versetzt werden *passer dans la classe supérieure*
die Verspätung(en) *le retard*
verstehen (verstand, verstanden) *comprendre*
sich verstehen *s'entendre*
der Verwandte *le parent (famille)*
die Verwandtschaft *la parenté*
verwelken *faner*
das Verzeichnis(se) *la liste*
der Vetter(n) *le cousin*
die Videokassette(n) *la cassette vidéo*
das Videospiel(e) *le jeu vidéo*
das Viertel(-) *le quartier*
das Vierteljahr *le trimestre*
violett *violet*
der Vogel(¨) *l'oiseau*

das Volk(¨er) *le peuple*
das Volksfest(e) *la fête populaire*
vor/gehen (i, a) *avancer, procéder à*
vor/sehen (ie, a, e) *prévoir*
vor/stellen *présenter*
der Vorgang(¨e) *l'événement*
der Vorhang(¨e) *le rideau*
der Vormittag(e) *le matin*
der Vorort(e) *la banlieue*
die Vorsicht *la prudence*
Vorsicht! *Attention !*
vorsichtig sein *être prudent*
vor/tragen(u, a) *interpréter, exécuter*

W

wach *éveillé*
wachsen(ä, u, a) *croître*
der Wagen(-) *la voiture*
wählen
composer le numéro de téléphone
wählen *voter*
der Wähler(-) *l'électeur*
das Wahlfach *la matière à option*
der Wahlkampf(¨e)
la campagne électorale
der Wahnsinn *la folie*
das Warenhaus(¨er) *le grand magasin*
die Währung(en)
la monnaie (d'un pays)
der Walzer(-) *la valse*
die Wanduhr(en) *la pendule*
die Wange(n) *la joue*
die Ware(n) *la marchandise*
warm *chaud*
die Wärme *la chaleur*
das Waschbecken(-) *le lavabo*
die Wäscherei(en) *la blanchisserie*
die Waschmaschine(n) *le lave-linge*
der Wasserhahn(¨e) *le robinet*
Wasserski fahren *faire du ski nautique*
die Website *le site web*
das Wechselgeld *la monnaie*
wecken *réveiller*
der Weihnachtsbaum *le sapin de Noël*
Weihnachten *Noël*
der Weihnachtsmann *le père Noël*
weiß *blanc*
die Welle(n) *la vague*
der Weltmeister(-)
le champion du monde
die Weltmeisterschaft(en)
le championnat du monde
das Werken *le travail manuel*
der Westen *l'ouest*
der Western(-) *le western*
das Wetter *le temps (qu'il fait)*
das Wetter vorher/ sagen
prédire, prévoir le temps
der Wetterbericht(e) *le bulletin météo*
die Wetterlage *le temps d'aujourd'hui*
die Wettervorhersage(n)
les prévisions météorologiques
der Wetterwechsel(-)
le changement de temps
der Wettkampf *la rencontre sportive*
wiederholen *redoubler, répéter*
wiegen (o, o) *peser*
die Wilde Ehe *l'union libre*
der Wind(e) *le vent*
windig *venteux*
der Winter *l'hiver*
wissen *savoir*

witzig *amusant*
die Woche *la semaine*
die Wochenzeitung(en) *l'hebdomadaire*
auf dem Land wohnen
vivre à la campagne
wohnen *habiter*
das Wohnhaus(¨er) *l'immeuble*
die Wohnung(en) *l'appartement, l'habitation, le logement*
der Wohnwagen(-) *la caravane*
das Wohnzimmer(-) *le salon*
die Wolke(n) *le nuage*
wolkig *nuageux*
das World Wide Web *le web*
das Wort(¨er) *le mot*
das Wort(e) *la parole*
die Wunde(n) *la blessure*
wünschen *souhaiter*
der Würfel(-) *le dé*
würfeln *jouer aux dés, lancer les dés*
die Wurzel(n) *la racine*

Z

die Zahl(en) *le chiffre*
die ungerade Zahl *le chiffre impair*
die gerade Zahl *le chiffre pair*
zahlen, bezahlen *payer*
der Zahnartz(¨e) *le dentiste*
die Zahnärztin(nen) *la femme dentiste*
der Zebrastreifen(-)
le passage pour piétons/clouté
das Zeichen(-) *le signe*
der Zeichentrickfilm(e)
le dessin animé
zeichnen *dessiner*
das Zeichnen *le dessin (matière)*
der Zeichner(-) *le dessinateur*
die Zeichnung(en) *le dessin*
die Zeit *le temps*
das Zeitalter *l'époque*
im Zeitalter von... *à l'époque de...*
die Zeitung(en) *le journal*
das Zeitungsgeschäft
la maison de la presse
der Zeitungskiosk(e)
le kiosque à journaux
das Zelt(e) *la tente*
zelten *camper*
das Zeugnis(se) *le bulletin*
das Zimmer(-) *la pièce*
der Zirkel(-) *le compas*
der Zirkus(se) *le cirque*
der Zoll *la douane*
der Zollbeamte *le douanier*
etwas (D) zu/schauen *regarder qc*
der Zoo *le zoo*
zufällig *par hasard*
der Zug(¨e) *le train*
der Zuhörer(-) *l'auditeur*
die Zuneigung(en) (zu)
l'affection, la sympathie (pour)
zurück/rufen (ie, u) *rappeler*
zurück/zahlen *rembourser*
das Zusammentreffen *la rencontre*
der Zuschauer(-) *le spectateur*
der Zweig(e) *la branche*
der Zwerg(e) *le nain*
die Zwillinge *les jumeaux*

MIXTE
Papier issu de sources responsables
FSC® C022030
www.fsc.org

N° projet : 10202259
Dépôt légal : novembre 2013
Imprimé en France
par SEPEC - 06701131101